中国孝文化教育研究

黄建华 著

九州出版社
JIUZHOU PRESS

图书在版编目(CIP)数据

中国孝文化教育研究 / 黄建华著. —— 北京：九州
出版社, 2017.4
ISBN 978-7-5108-5299-2

Ⅰ. ①中… Ⅱ. ①黄… Ⅲ. ①孝–文化研究–中国
Ⅳ. ①B823.1

中国版本图书馆 CIP 数据核字(2017)第 101108 号

中国孝文化教育研究

作　　者	黄建华　著	
出版发行	九州出版社	
地　　址	北京市西城区阜外大街甲 35 号 (100037)	
发行电话	(010)68992190/3/5/6	
网　　址	www.jiuzhoupress.com	
电子信箱	jiuzhou@jiuzhoupress.com	
印　　刷	北京市金星印务有限公司	
开　　本	710 毫米×1000 毫米　　16 开	
印　　张	13.5	
字　　数	200 千字	
版　　次	2017 年 5 月第 1 版	
印　　次	2017 年 5 月第 1 次印刷	
书　　号	ISBN 978-7-5108-5299-2	
定　　价	45.00 元	

目　录

第一章 绪 论

我国是人类重要的发源地之一。北京西南方的房山县周口店所发现的旧石器时代初期的中国猿人骸骨化石，证明大约50万年前我国已有人类居住。我国又是一个有着辉煌文明的古老国度，从距今5000～6000年前的"仰韶文化"的遗址中可以发现，当时的生产工具相当进步，且有红色陶器出现；再发展到后来的"龙山文化"时，黑色陶器、卜骨等这些考古学上的材料，使我们看到远古时代中华民族文化发展的缩影。甲骨卜辞说明至迟在殷商后期（约公元前14世纪）已有初步的定型文字，这是一个族群从野蛮到文明的重要标志之一。后来，文字的应用被渐渐推广，人民原始的口头创作如诗歌、神话故事等被记录下来，使我们得以从文献中窥见上古文化的萌芽。[1]

在历史学与考古学的研究成果中，均有一个最基本的表述：世界四大文明古国之一的中国，历来以自己有悠久而连绵不断的历史和辉煌的古代文明感到自豪。对此，有人曾撰文形象地论及中国古文明：一页页沉甸甸的中国历史，写下辉煌的四大发明，写下列强侵略的沉沦沧桑。透过风云变幻的五千年历史画卷，远远地走来一群山顶洞人。他们有着共同的图腾崇拜，在这里繁衍生息，开始最原始的劳作，开始敲击炎黄的希望之门，开始点燃中国人的梦想之火。

文化是一个民族的根与魂。一个民族没有了自己的文化特色就意味着消亡。我们从有文字可考的岁月里可以骄傲地看到，中华民族以不屈不挠的顽强意志和勇于探索的聪明才智，创造了世界历史上极其灿烂的物质文明与精神文明。优秀的传统文化塑造了中华民族醇厚中和、刚健有为的人文品格和道德风范，不仅对中国的经济和社会发展产生了巨大影响，为中国人的文化性格和行为方式的形成奠定了深厚的历史基础，而且对人类文明的发展也产生了重要而深远的影响。[2]正如习近平总书记在欧洲学院发表演讲时所说，在世界几大古代文明中，中华文明是没有中断、延续发展至今的文明，已经有5000多年历史了。我们的祖先在几千年前创造的文字至今仍在使用。2000多年前，中国就出现了诸子百家的盛况，老子、孔子、墨子等思想家上究天文、下穷地理，广泛探讨人与人、人与社会、人与自然关系的真谛，提出了博大精深的思想体系。他们提出的很多理念，如孝悌忠信、礼义廉耻、仁者爱人、与人为善、天人合一、道法自然、自强不息等，至今仍然深深影响着中国人的生活。中国人在看待世界、看待社会、看待人生方面，有自己独特的价值体系。中国人独特而悠久的精神世界，让我们具有很强的民族自信心，也培育了以爱国主义为核心的民族精神。[3]

"历史是现实的根源，任何一个国家的今天都来自昨天。只有了解一个国家从哪里来，才能弄懂这个国家今天怎么会是这样而不是那样，也才能搞清楚这个国家未来会往哪里去和不会往哪里去。"[4]习近平总书记在全国宣传思想工作会议上，针对优秀传统文化的传承提出了四个"讲清楚"：讲清楚每个国家和民族的历史传统、文化积淀、基本国情不同，其发展道路必然有着自己的特色；讲清楚中华文化积淀了中华民族最深沉的精神追求，是中华民族生生不息、发展壮大的丰厚滋养；讲清楚中华优秀传统文化是中华民族的突出优势，是我们最深厚的文化软实力；讲清楚中国特色社会主义植根于中华文化沃土、反映中国人民意愿、适应中国和时代的发展进步要求，有着深厚的历史渊源和广泛的现实基础。"讲清楚"的最终目的是"大力弘扬以爱国主义为核心的民族精神和以改革创新为核心的时代精神，深入挖掘和阐发中华优秀传统文化讲仁爱、重民本、守诚信、崇正义、尚和合、求大同的时代价值，使中华优秀传统文化成为涵养社会主义核心价值观的重要源泉。"[5]

为了"唤醒我们民族的集体记忆，复兴我们民族的伟大精神，发展和繁荣中华民族的优秀文化，维护民族共同的精神家园"，习近平总书记多次强调培育和弘扬社会主义核心价值观必须立足中华优秀传统文化，并要求从娃娃抓起、从学校抓起，做到进教材、进课堂、进头脑。要利用各种时机和场合，形成有利于培育和弘扬社会主义核心价值观的生活情景和社会氛围，使核心价值观的影响像空气一样无所不在、无时不有。

保存中华民族的精神支柱和文化基础，继承和发展中国传统文化已成为当下的必然选择。孝文化是中国传统文化的根核部分，对于中国的国民性造成了根源性、本质性的影响。所以，全面展开孝文化教育研究与实践，理应成为当今社会的铸魂工程。

中华孝文化源远流长。我国在原始宗教的祖先崇拜中就有了"孝"的概念，甲骨文里就有"孝"字。"孝"的思想在春秋战国时期达到成熟，从魏晋开始，经唐、宋、元、明、清的嬗变，一直为儒家思想所尊崇，成为中华民族优秀传统文化的核心部分，铭刻着炎黄子孙古已有之的传统美德。虽然在春秋战国时期出现了"百家争鸣"的局面，但在我国儒、释、道的主流思想体系中，"孝"仍然是一个重要理念。尤其是儒家，不仅十三经中处处皆谈及孝的义理，而且"孝"也是儒家伦理的基础和核心。著名学者黎鸣在《中国人性分析报告》中说，"可以毫不夸张地认为，文明的中国人连续地生存了四五千年，唯一地显示了他们的精神的真诚之处，还真正只在这个'孝'字上"，"中国就是靠这个'孝'字支撑了两千多年的文明"。曾国藩曾说"读尽天下书，无非是一个孝字"。杨国枢认为"传统的中国不仅是以农立国，而且以孝立国"。谢幼伟认为"中国社会是彻始彻终以孝这一概念所支配的社会，中国社会是以孝为基础建立起来的"。就连西方学者也对孝在中国传统文化中的地位进行过充分的描述，黑格尔在研究中国文化时曾作过这样的分析："中国纯粹建筑在这样一种道法结合上，国家的特征便是客观的'家庭孝教'，中国人把自己看作是属于他们家庭的，而同时又是国家的儿女。"（《历史哲学·东方世界·中国》)马克斯·韦伯说过中国人"所有人际关系都以'孝'为原则"。1988年，几十位诺贝尔奖获得者在巴黎会议上明确提出："如果人类要在21世纪生存下去，必须回头2540年，去吸取孔子的智慧。"

孝文化的核心内涵是家庭伦理，包含敬亲、孝悌、孝忠、孝廉、孝与礼、孝与法等关系，形成了孝敬父母、珍惜生命、兄友弟恭、立身立功、诚信待友等原则。孝作为人类最本真的情感，千百年来一直备受人们的推崇和礼赞，具有良好的认知度。"鸦有反哺之意，羊有跪乳之恩"一说，强调的就是"孝"的情感基础与价值动源。一旦人们将这种情感引入社会关系，就必然生发为对天下人甚至对世间万物的敬爱，成为人的立身处世之本，发挥净化心灵、规范人伦关系、稳定家国秩序、促进社会和谐等多方面的作用。

历史总是在迂回中前进。进入新世纪，一度被视为封建糟粕的中国传统文化在华夏大地再次悄然兴起，并在社会上掀起了一股学习传统文化的热潮。处在传统文化核心地位的孝文化也再次被人们提起并开始登堂入室，从"给妈妈洗脚"的公益广告，到"常回家看看"的歌曲流行，再到新修订的《老年人权益保障法》的正式实施，过去的几十年里，中国人从未像今天这样浓墨重彩地勾勒孝文化。[6]

在传统的孝文化中，也有宣扬不近人情的愚孝，如"父母在，不远游，游必有方""不孝有三，无后为大""子为父隐，父为子隐"之类，因时代视野所限，均与现代社会生活要求不相符。习近平总书记指出，对历史文化特别是先人传承下来的道德规范，要坚持古为今用、推陈出新，有鉴别地加以对待，有扬弃地予以继承。也就是说，在新的历史条件下，对明显不科学、违反人性的"愚孝"不能照单全收，要做好创造性转化和创新性发展，去芜存菁，加以扬弃。

留住历史的根脉，我们责无旁贷。按照总书记"坚持古为今用、推陈出新，有鉴别地加以对待，有扬弃地予以继承，努力用中华民族创造的一切精神财富来以文化人、以文育人"的精神，我们应正视孝道优秀文化的价值，发掘其蕴涵的现代性力量，争做孝文化的笃信者、传承者、躬行者。

换句话说，孝文化至今仍有重大的积极意义：一是敬亲养亲的思想，能维持家庭的和谐。"孝"最基本和核心的涵义就是"事亲"，而且不仅要在物质上奉养亲人，更重要的是在精神上尊敬亲人。能做到这样，年老的父母就不会因为衰老而没有生活的保障，他们的心灵就不会孤独和空虚。二是修身养性的思想提升了人的道德水平。中华民族精神和传统文化的基本特质是重人、重人性修养，而修身以孝德为根本，以温良恭俭让为原则，以克制自我为方法，以忘我无私为衡度。三是博爱思想构成了人与人之间关心、互助、友爱的人际关系，从而促进了社会的和谐稳定。"教以忠，所以敬天下为人父者也；教以悌，所以敬天下为人兄者也；教以忠，所以敬天下为人君者也。"（《孝经》）"老吾老，以及人之老；幼吾幼，以及人之幼"这样的阐述更是明白易懂，让人能学会做。四是谏诤的民主平等思想，对为父者的不良行为有监督牵制作用："昔者天子有诤臣七人，虽无道，不失其天下。诸侯有诤臣五人，虽无道，不失其国。大夫有诤臣三人，虽无道，不失其家。士有诤友，则身不离于令名。父有诤子，则身不陷于不义。"

然而，在生态废、道德弛、腐败行、信仰失等文化症候并出的社会转型期，中华民族天人合一的宇宙精神、仁者爱人的道德精神、自强不息的奋斗精神、开放博纳的创新精神等在严峻的考验中经受着八面来风、狂飙突袭式的冲击。[7]人们的行为方式、生活方式、价值体系均发生了深刻变化。从客观存在的负面角度看，各种矛盾日益加剧，社会纠纷数量激增，群体闹事和种种恶性事件屡见报端；城镇化过程中的失地农民、拆迁钉子户、留守儿童、空巢老人等社会焦点、盲点、难点，使各级政府官员为之头疼；造假欺诈、见利忘义、损人利己等乱德和无良现象，严重影响了和谐稳定，阻碍了社会生活的良性发展。

就强化青少年孝文化教育的问题，湖北工程学院党委书记、湖北中华孝文化研究中心主任肖波在《当代中国需要孝文化》中提出：不仅是"银发中国""邻里中国"和"行进中的中国"需要孝文化，"少年中国"更需要孝文化。他剖析社会的急剧转型，指出传统的道德价值体系尤其是孝道遭受激烈的冲突与损毁，使部分青少年的孝观念处于断裂与冲突之中："独生子女"一代的出现和家庭结构的日趋小型化，使一些家庭的代际关系失衡和重心下移，家庭的培养教育功能弱化；信息化及生产力的发展导致父母的地位和权威受到挑战。纷繁复杂信息的左右，代沟的形成与加深，使少数青少年对父母缺乏孝敬感、对他人缺乏道德感；多样经济成分和多元文化的冲击影响，使部分青少年的家庭观念淡化，功利思想严重，从而使传统孝文化中尊长敬老的道德观念受到冲击。

民族历史的演进要靠一代又一代族众传承，沿袭一脉心香，用不断进化后的心智、学养、聪慧、行为和付出去刷新每一页、每一章，使之被叙写得更加血性、更加执拗、更加辉煌，进而开启一个又一个新时代。

青少年是祖国的未来、民族的希望，青少年有什么样的世界观、价值观、人生观，必然决定中国未来的命运和走向。近几年来，青少年犯罪犹如洪水猛兽般吓傻了世界：那些逃学滋事、泡吧蹦迪、打架斗殴、偷盗抢劫、故意伤人甚至弑父杀母、暴力殴打师长的青少年，其犯罪手段的疯狂性、侵害主体的多样性、不计后果的危害性，触目惊心，骇人听闻。

铸就一个强大民族，常常耗费百年岁月也不够；要使她倒地却只是一瞬之间、一步之遥。回归到我们血淋淋的现实生活，审视下一代族众，谁来为孩子们撑起遮风挡雨的保护伞？谁来为孩子们创造健康成长的空间？我们又拿什么来祭奠民族过往与现存的隐痛与殇惘？

关于社会：你拿什么来献给孩子？近几年来，最令人忧虑的是青少年犯罪呈高发态势。从社会学的角度剖析，青少年犯罪心理的形成要经历一个不完全社会化或者错误社会化的过程，这是一个由量的积累到质的飞跃的过程。在这一过程中，官僚腐败、诚信危机、不良文化泛滥等，无形地消解着孩子们执拗的生长。当"大人们"沉醉于物欲、冷漠、粗俗、躁动、虚假，乃至毫无起码的责任心时，我们又如何奢望孩子们独善其身？

关于学校：是种植桃李还是播下恶果？良好的学校教育，可以对社会和家庭教育的不良影响起到弥补和矫正作用，帮助青少年抵制和消除不良社会因素的影响。但有的学校重视"应试教育"，"填鸭式"地抓学业、抓成绩、抓升学率，重智育轻德育，只教书不育人，导致学生只注重学习成绩，忽视品德修养和法制意识，致使自身法制道德观念淡薄、是非善恶难辨。有的学校管理不善，校风不正"桃李满天下"成为"罪犯满天下"已是不争的现实。有的教师素质低劣，对教育事业缺乏忠诚，对学生缺乏尊重、关爱、信任与平等，真情投入严重匮乏。更有甚者，教授嬗变为"叫兽"。德之不存，何言师道？

关于父母：你要给孩子一个怎样的家？家庭是孩子一生中经历的第一

个场所，是他们社会化过程中的起点，对孩子的人格形成影响最早、最强烈。应注意的是，作为孩子人生的第一个教师，家长不同的教育方式，将造就孩子不同的人格特点。或许，你的孩子与世界首富、民族领袖、绝世天才、圣贤伟人的距离也只是区区几个转折点的距离。那几个转折点，基本上完全取决于家庭教育。换个角度说，孩子的一切毛病、缺点、坏习惯，都可以非常容易地在其父母身上找到根源。如果子女教育出了问题，父母能找社会、学校算账吗？各人吃饭各人饱，各自子女各自教，天经地义！所以说，孩子从来都不是输在起跑线上，要输也是输在父母自己手中。中南大学国学研究中心主任刘立夫在全国孝文化学术研讨会上说：古人认为孝是"天之经，地之义，民之行"，意思是，无论是天子之孝、诸侯之孝、官员之孝、平民之孝，还是小孝、大孝，其实都是单向的，就是要子女对父母尽孝，却从来没有谈到父母对子女该做什么。孩子在小的时候就受到良好的人格教育、智慧教育，那他一定会出人头地。

可见，孝是一种双向的权利和义务关系。父母能够将子女教育好、培养好，那子女尽孝的质量就高，反之亦然。现实生活中，那些夫妻冲突、婚床崩裂、情感失衡、放任自流、简单粗暴、教养不当的家庭，几乎无不造成了教育的残缺。因此首先应追问这些父母：你们究竟给了孩子一个怎样的家？[8]

从孝文化教育的角度而言，中国古代教育是建立在儒家的孝道教育思想基础之上的，它是一种人文性和道德性的教育，以人为中心，以做人为目的。这是一种"成人"而非"成才"的教育，这种教育面向人生，培养目标是完善的人格。也就是说，孝道教育以道德教育为中心，以人的道德高尚为成功标准。这种教育的第一目标是拥有"仁"，"仁"是中国传统伦理的第一概念，也是全德之名；孝是仁的根源，又是仁的实践，所以孝在中国传统教育中居于核心地位，古人以孝为教育出发点，以孝为实践原则。

中国传统的孝道教育也有自己一套行之有效的程序：先为其易，后为其难；先自近始，后乃及远。沿着由至亲到远人、由个人到国家的发展进程，不断扩充，最终达到博爱的目的。孝是入德之门，是学习道德的起点和动力、达成理想人格的基础。而理想的人格兼具社会性和协调性，以社会为本位，以树立社会责任心为目的。"修己安人""修己以安百姓"，鼓励学生从社会出发，使学生明确个人在家庭、国家、天下关系中的地位，最终达到天下的太平。中国传统孝道教育获得了巨大的成功，在教化的作用下，孝文化塑造了人格，孝道观念深入人心。这与总书记"培育'知行合一、经世致用、坚定志向、自强不息'的下一代，就是要抓早、抓实""像穿衣服扣扣子一样，如果第一粒扣子扣错了，剩余的扣子都会扣错。人生的扣子从一开始就要扣好"的观点相一致。

高校作为教书育人的重要阵地，其孝文化教育发展水平，会显著影响其德育水平。随着经济发展、社会转型，文化多元化、价值取向多样化的趋势加快，大学生社会责任感缺失、生命意识薄弱、道德底线低、抗压能力差等几大问题日趋凸显，严重地阻碍了大学生综合素质的提升，为社会和谐发展埋下了隐患，同时也无情地考验着高校的治理水平与发展能力。师德师风是教师和一切教育工作者在从事教育活动中必须遵守的道德规范和行为准则，以及与之相适应的道德观念、情操和品质。教师的师德直接关系到学生成长的方向和质量。教师要对学生终生负责，就要从自身做起，做有思想、有道德、有志趣的人。

孝文化是传统文化的基础和核心，是中华民族最重要的传统美德之一，它具有极其强大的生命力，深刻地影响了我国乃至亚洲国家几千年来的政治、经济、文化和社会生活，尤其是深深地浸染着中国人的心灵，并积淀和内化为最具民族特点和凝聚力的文化基因，成为一种普遍的伦理道德和恒久的人文精神。

在社会转型的大背景下，不少有良知的专家学者开始着手对古孝文化进行深入研究，以期推进中国现实社会问题的解决。这成为中国学术研究的一大趋势。在这一趋势的影响下，研究的氛围日益浓厚，研究的角度日益多样化，如孝文化的继承与发展、孝文化与其他文化的关系等，研究的成果也日益丰盛。

孝文化是实践性很强的一种文化。近几年来，高等院校、学术团体、民间组织等都纷纷组建专门机构认真研究如何传承孝文化，并取得了良好的效果。特别值得欣慰的是，一些很有学养的领导干部及地方政府，主动对孝文化进行创造性转化和创新性发展，如河北省魏县县委提出"德孝治县"的理念，主张将德孝作为考核干部的内容之一，"一个连亲生父母都不孝顺的人，怎能对党忠诚、对人民负责？绝不能让不孝敬父母的人得到提拔重用！"又如重庆市长寿区江南街道党工委积极引导广大群众崇尚孝道、弘扬孝心、践行孝德，为经济社会发展提供道德支撑，用千年文脉重构治理基层社会的新模式。

在大力倡导和践行社会主义核心价值观的今天，历届全国道德模范、"全国孝亲敬老之星"和"全国孝亲敬老楷模"等一组组"最美群像"，真情装点着时下最为美丽的风景。他们朴实无华，用爱心传递着真情；他们勤劳善良，用孝义书写着人生。在他们身上，绽放着人性的光辉，诠释着"孝行天下、大爱无疆"的真谛。如果我们每个人都能像这些"孝榜样"那样尊老爱老，再将"小孝"转化为对事业的忠诚、对社会的诚信，以一颗纯朴的善心肩负起更大的社会责任，我们的人生将是完美的人生。

十年树木，百年树人。为了使孝文化在勃发的爱国浪潮中坚挺，弘扬中国优秀传统文化"最深沉的精神追求"，提升其"最深厚的文化软实力"，我们需要整合各种资源，规范制度规定，建构科学的教育机制：抓好家庭启蒙，浇好水；抓好学校教育，施好肥；抓好社会教育，剪好枝。[9]应在家庭、学校和社会的共同努力下，不失时机地创造良好的教育情境，使下一代族众感知、领悟父母的养育之恩、师长的栽培之恩、他人的关照之恩，形成"知孝、懂孝、行孝、扬孝"的良好氛围，在建构"孝行社会"精神家园的铸魂工程中，使社会主义核心价值观的影响像空气一样无时不有、无处不在。

第二章　古孝文化的嬗变

中国孝文化是中国伦理的支柱、道德的规范。千百年来，孝道一直为儒家思想所尊崇，成为中华民族传统文化的核心部分，铭刻着炎黄子孙古已有之的传统美德。孝文化对中国历史的影响是广泛和深远的。传统中国社会是奠基于孝道之上的社会，孝道乃是中华文明区别于古希腊、古罗马和古印度文明的重大文化现象之一。作为一种文化体系、一种社会意识形态，其产生和流变，与社会的发展变迁密不可分，从不同的视角审视之可以得出不同的结论。在社会转型期，人们的思想意识、价值观念、孝道伦理都发生了极大变化，加上人口老龄化、代际关系危机和孝亲关系的淡化，必然出现家庭关系紧张、道德失范、社会秩序失衡的不良局面。因此，深入研究古孝文化，并加以批判继承，构建全新的孝道理念，发挥其当代价值，对在市场经济条件下进行中国特色的社会主义道德建设，有着重要的现实意义。

第一节　古孝文化的缘起

中华传统文化中的"孝"，其内涵本义经历了由敬神祭祖、祛祸除祟的功利性祈福向事亲养老、骨肉相亲的人道意义的转化，千百年来一直是伦理道德之本、行为规范之首，是一种稳定的伦常关系。孝顺、孝敬系其基本表现行为，即《孟子·万章上》中所指出的"孝之至，莫大于尊亲"。"孝"以"敬"为前提，子女对长辈的"敬"就是"顺""顺从""三年无改于父之道"。而"孝"字最早见于殷商甲骨卜辞和商代的金文。从语源学意义分析，孝的基本含义是敬老养老、事亲善行。《尔雅·释训》对孝的解释是"善事父母为孝"。《辞海》指出"善事父母曰孝""对祖先也称孝"，是孝最直接的含义。《说文解字》中称"善事父母者，从老省、从子，子承老也"。许慎认为，"孝"字是"老"字省去右下角的形体后，和"子"字合成的一个会意字。唐殷在《文字源流浅说》中的解释显然与上述说法大体相吻合："像'子'用头承老人行走，用扶持老人行走之形以示'孝'。"后来，"孝"的古字形和善事父母之义吻合，孝就被看作是子女对父母的一种善行和美德了。

中国的孝文化源远流长，但"孝"究竟起源于何时，学界众说纷纭，尚存见仁见智之争论。有人认为"孝"产生于商代，也有人认为形成于西周。最为典型的三种不同说法很有意思：康学伟在《先秦孝道研究》一书中认为"孝观念是父系氏族公社时代的产物"，这种观点争议颇多；杨国荣在《中国古代思想史》中认为孝产生于殷商，这一观点也被较多的论者批评；何平在《"孝"道的起源与"孝"行的最早提出》一文中指出，"孝"这一德目应是由周人首先提出的。

笔者认为湖北孝文化研究中心主任肖波的"可以追溯到远古时代"一说较为权威。他在《中华孝文化概论》中指出：在原始社会时期，奉养老人是氏族全体成员的共同行为。《礼记·礼运》篇中所说的"大道之行也，天下为公，选贤与能，讲信修睦，故人不独亲其亲，不独子其子，使老有所终，壮有所用，幼有所长，鳏寡孤独废疾者皆有所养"的大同社会，正是原始社会氏族大家族里人们尊老爱幼的朴素情感的真实写照。

对于古孝文化，肖波认为有三大起源：

一、生命个体性起源

孝最初起源于人们自然的血亲关系，是对血缘、亲情朴素的表达。人们都有亲子之爱，对自己的子女一往情深，可以说这是一种与生俱来的人类情感。作为人的一种生物本能，人们都希望自己通过繁衍来延续种族的存在，这是显而易见的；而生命的创造者、亲代需要关爱自己的子代，也就是说要照顾幼弱，于是在这两者之间，需要建立一种伦理关系。

二、社会性起源

人源于自然，但不单单是自然性的存在，还是社会性的存在，所以孝的生命力个体性起源和社会性起源是同时并存的。孝作为一种伦理规范，既是家庭的，也是社会的，孝和其他的伦理规范一起构成了社会的总体性道德，并受社会的经济、政治、文化的制约和影响。社会性因素使人形成一种父子、母子之亲，这种天然亲情转化成了社会性的亲子关系和人伦关系。从这个角度说，孝是自然属性和社会属性的统一。

三、信仰性起源

首先是生命崇拜：在洪荒年代，生产力肯定是非常低下的，人被为简陋的生产条件所限制，面临极其恶劣的自然环境、生存环境，自然想使自己能够生存下去，还想寻求长生、寻求永存。先人们看到青松千年不凋、泰山巍然屹立、太阳每天从东方冉冉升起这些生命力很旺盛的东西，就对生命产生了一种敬畏。这种对生命、天命的崇拜，慢慢地转化为对延续生命的祈求和崇拜。信仰性起源不仅是一种生命崇拜，还是对祖先的崇拜。这种崇拜是以祭祀死去的祖先亡灵而祈求庇护为核心内容，由图腾崇拜、灵魂崇拜等复合而成的原始宗教。到后来，人们通过祭祀的仪式表达对祖先养育之恩的缅怀，同时又祈望祖先的灵魂能庇佑子孙、福荫后代。

孝文化研究专家李仁君曾撰文指出：孝产生的内部条件是动物"反哺报恩"的感情；孝产生的外部条件是物质基础和社会制度保障，这些因素紧密关联，共同构成有中华民族特色的"孝"的现实基础和特殊背景。李先生的这一观点，我们可以从《诗经》中找到支撑：《诗经·小雅·谷风之什蓼莪》中有"蓼蓼者莪，菲莪伊蒿，哀哀父母，生我劬劳……父兮生我，母兮鞠我，拊我畜我，生我育我，顾我复我，出入腹我。欲报之德，昊天罔极"的诗句，文中流露无余的反哺之情与报恩之意实是涤荡心弦、感人肺腑。它既体现了一种生命的根源意识，又表征着人类源于动物而又超越动物性的关系与情感，这正是"孝"观念的发生学意义之所在。

由是，李仁君认为，由动物的"反哺本能"发展进化而来的人类敬母爱母之情是孝产生的情感基础。人类的敬母、爱母之情是孝观念的最初萌芽。这种感情与动物"反哺本能"既有区别，又有联系。可以这样说，前者由后者发展而来；后者是前者的情感根基。换言之，前者包含感性和理性双重因素，后者只包含感性因素。李先生为此还推介了一些有关动物"反哺本能"的故事：

1.乌鸦反哺。《本草纲目·禽部》载："慈乌：此鸟初生，母哺六十日，长则反哺六十日。"据说乌鸦是一种最懂得孝敬母亲的鸟儿，小时候，它受恩于母亲的哺育；当母亲年老体衰、不能觅食时，它就衔回食物，嘴对嘴地喂到母亲的口中，不厌其烦，一直到老乌鸦临终为止。

2.羊羔跪乳。传说在羊妈妈百般呵护下的小羊，对母亲说："妈妈，您对我这样疼爱，我怎样才能报答您的养育之恩呢？"羊妈妈说："我什么也不要你报答，只要你有这一片孝心就心满意足了。"小羊听后，潸然泪下，"扑通"一声跪倒在地，表示难以报答慈母的一片深情。从此，小羊每次吃奶都是跪着，感激妈妈的哺乳之恩。

上述系典型的表现动物"反哺本能"的情感故事。这种"反哺本能"，纯粹受感性支配，不会也不可能包含理性因素，这是由动物本身的特征决定的。在儒家看来，人不同于一般动物的根本之所在，是人具有德性生命精神，而天地作为人类生命之本，也正以其"生生"（即不断创新的生机与活力）之"大德"，体现最高程度的德性生命精神。人生的基本使命是在与他人、与社会乃至天地宇宙的互动关系中，既成就一个具有内在仁德的自我，亦通过"赞天地之化育"而成就大化流行的德性精神充裕的世界。人的生命虽然是有限的，但在追寻生命意义的过程中，只要能够使自我的德性生命精神与生生不息的天地精神相贯通，就可以超越有限而融入无限，从而获得安身立命的依归。

李仁君对母系氏族公社时期的人类情感状况及特征作了简要分析：人类诞生以后，经历了漫长的原始社会。为了生存，早期人类与大自然进行了艰苦卓绝的斗争，群居生活是他们取得生存权利的根本。群居生活构成原始群。原始群是松散组织，没有婚姻和家庭，两性关系杂乱，"所谓杂乱，是说后来由习俗所规定的那些限制那时还不存在。"[10]后来，群内杂交逐渐发展成为"血缘婚"。"无论是古代的神话传说、近代民族地区存在的血缘婚实例还是亲属制度，都确凿地证明了血缘婚的存在。"[11]

随着人类认识能力的提高，人们逐渐意识到血缘婚姻对人类体质产生的不良影响，限制血缘集团内部通婚成为当时的社会主题，血缘内婚向氏族外婚转变已成为必然。血缘内婚和血缘外婚都有一个显著的特征：母系血缘关系是社会主流，起着支撑作用，子女知母不知父。《吕氏春秋·恃君览》记载："昔太古尝无君矣，其民聚生群处，知母不知父。"这就是母系氏族公社时期的典型特征。在母系氏族公社时期，子女都随母亲生活，母亲承担抚养子女的责任和义务。母权制下的子女对母亲有强烈的依存感和感恩报德之情，这是情理之中的事。母系氏族公社时期，子女对母亲的感恩与动物的"反哺本能"有着质的区别。

对母亲的感恩包含母权崇拜心理因素。"母系氏族社会的妇女，特别是老年妇女往往是氏族社会生产的指挥者或领导者。她们有较为丰富的经验，受到大家特别的尊重。在她们死后，进行了与众不同的安葬，将生前使用的装饰品随葬。这种区别正是氏族成员对他们的氏族首领或年长者的爱戴的一种反映。"[12]

早期人类由对象意识到自我意识的转向，是一个过程，是思维中一个了不起的进步。"在这种长期和自然的斗争中，人逐渐形成了对象意识，他们清楚地意识到外界自然和他人的存在。"[13]

李仁君剖析，早期人类对于人和自然的关系的了解基本上还停留在"自然崇拜"阶段，表现出对自然恩赐的顶礼膜拜、祈求及对自然灾变的不解、恐惧、屈从、敬畏。在人们的幻觉中，他们相信在宇宙间有一个至上神为主宰、日月风雨等为臣工使者的神灵系统，严格地管理和支配着人间的一切，这是对象意识的结果。对象意识为主导认识时，人对大自然的关注大于对人事的关注。

在长期生活中，早期人类发现大自然的力量变幻莫测、捉摸不定，对大自然虔诚膜拜者也总是遭难。于是，他们开始更多地关注能够确定的人间现象和具体人事，对象意识开始向自我意识转变。对大自然和神灵进行崇拜的同时，人们开始关注对生命本身的崇拜。孝的产生与人类的生命崇拜有着密切的关系。古代人类对生命本身的崇拜和对生命本源的探索，表现在思想意识和现实行为上，就是敬祖观念和祭祀活动。祭拜祖先不仅是一种习俗，而且包含了以此来安顿自我生命的文化内涵。

空军航空大学的王斌在《中国传统孝文化溯源刍议》一文中也持相近观点：由动物"反哺本能"发展进化而来的人类敬母爱母之情是孝产生的情感基础，也是孝观念的最初萌芽。她认为"对祖先的崇拜和祭奠，是古代人类对生命本源的迷茫和探索的表现形式，它也充分说明孝的正式产生与父权制有着很大的关系。而对生命本源的探索乃人类对象意识向自我意识转变的结果，是孝产生的认识基础"。

在古典文献中，对"孝"字的记载和释义非常丰富。儒家的"孝"观念与孝道理论可以说最早见于《尚书》，提纲挈领于《论语》，发挥于《礼记》，集中成就于《大戴礼记·曾子大孝》篇以及约出自周末至前汉的孔门后学，假托为孔子、曾子师徒二人对话的《孝经》。这些儒家经典基本上体现了传统"孝"观念与孝道理论的信仰核心与发展脉络。[14]《尔雅·释训》中对孝的解释是"善事父母为孝"。宝鸡市委党校的董轶普、李卉在梳理相关资料后指出：在已出土的周代金文中，有大量关于孝的记载，据有关专家考证统计，《三代吉金文存》中有孝字共104例，《西周金文辞大系考释》中有36例，除去两书中重复的部分，共有讲"孝"的铭文112例。此外，产生于殷周之际的《尚书》《周易》中关于孝的论述也比比皆是。如《尚书·酒诰》中的"纯其艺黍稷，奔走事厥考厥长，肇牵车牛，远服贾，用孝养厥父母"；《小雅·楚茨》中的"徂赉孝孙，苾芬孝祀"；《大雅·文王·下武》中的"永言孝思，孝思维则"等等。在当时，孝的对象是祖考鬼神，而"孝"的涵义主要是"奉先思孝""尊祖祭宗"，也就是说主要是对祖先或亡故父母的敬奉祭祀，而不是对在世父母的爱敬，这在古代文献和金文中都有所反映。《诗经》中多次称"孝"，以表达对祖先的敬意，如《大雅·既醉》的"威仪孔时，君子有孝子，孝子不匮，永锡尔类"。《诗经》有云："孝孙徂位，工祝致告，神具醉止，皇尸载起，鼓钟送尸，神保聿归。"意思是在农业丰收的仪式上，由活人扮成"尸"，作为祖先的神灵，接受子孙的祭拜。孝子、孝孙通过这种祭拜的方式来得到祖宗神灵的保佑，以求得来年的丰收。《三代吉金文存》中也有"月追孝与其父母，以锡永寿"（《郜遗殷》）"用享以孝于我皇祖文考，用祈匄眉寿"（《王孙逸者钟》）等句在西周后期，"孝养""追孝"已经处于同等地位，这改变了以前重视祭祀祖先、轻视家庭伦理的状况，从而完备了我国传统的"孝"的基本内容。至此，在西周，传统孝德观已基本形成。

第二节　古孝文化的流变

关于古孝文化的流变，近几年来，几乎所有孝文化研究专家均认可：中国传统孝文化历经了上古时期的萌芽、西周的兴盛、春秋战国的转化、汉代的政治化、魏晋南北朝的深化、宋明时期的极端化直至近代的变革，是在中国长期的历史发展中积淀而成的。肖波在《中华孝文化概论》中指出：孝伦理的产生有一个萌发、形成、成熟、发展的历史过程，它经历了从原始社会最初的朴素孝意识到较为明晰的孝观念，再到处理代际关系的孝伦理规范的过程。

据古代思想史学者考证，在我国自原始社会后期向奴隶社会转变的历史过程中，"孝"完成了从意识到行为的过渡。不过，此时的孝行还是一种零散式、自由式、随意式的实践活动。

按照李仁君的观点，殷商是传统文化的开端时期，也是孝观念的初步形成和确立时期。殷人把祖先视为喜怒无常、令人惧怕的鬼神，他们对祖先的祭祀是一种宗教意义上的祈求，并没有更多的伦理内涵。孝道代表首推虞舜。《尚书》记载舜"父顽、母嚚、象傲；克偕以孝，烝烝乂，不格奸。"[15]所谓"顽"是"心不则德义之经"，所谓"嚚"是"口不道忠实之言"。虞舜面对这么复杂难处的家庭成员，却能极尽孝道，把家庭关系搞得十分和谐。

《周易》是中国传统思想文化中自然哲学与人文实践的理论根源，是古代汉民族思想、智慧的结晶，被誉为"大道之源"，是华夏传统文化的杰出代表，亦是中华文明的源头活水。孔子在《系辞传》中道："古者伏羲氏之王天下也，仰则现象于天，俯则观法于地，观鸟兽之文地與宜，近取诸身，远取诸物，于是始作八卦。以通神明之德，以类万物之情。《易经》

的蛊卦也涉及"孝"的问题。蛊卦的初六爻辞说:"干父之蛊,有子,考无咎,厉终吉。"[16]认为纠父亲之偏是"有终""吉利"的。

到了西周时期,孝的这种原始意义逐渐告别了朦胧与淡薄,趋于明显化。随着社会生产力的发展,人类意识到人力资源的重要性,即"人多力量大";反映在意识形态上,就是孝又被赋予了新的含义——生儿育女,传宗接代。春秋战国时期,社会的进步促使人们在生产实践中对自然、神鬼的认识趋于理性化;宗法制的瓦解使人们对先祖的祭祀活动由繁趋简;"一夫百亩"的授田制基础上的家庭形态的确立,使得赡养父母成为家庭血亲关系间最基本的义务,善事父母成为当时孝文化最核心的内容。

春秋战国时期,生产方式出现了历史性进步,铁器、牛耕的普及,使生产力水平进一步提高。这一社会背景,对孝观念的完全确立起了决定性的作用。随着井田制的瓦解,个体家庭逐步发展为拥有包括土地在内的财产的财产所有者,这也造就了父子之间的权利、义务关系,从而形成真正的伦理道德意义上的"孝"。中国儒家文化的开山鼻祖孔子,紧紧围绕善事父母这一核心内涵,丰富和发展了孝文化的深厚内容,孝不再只是一种自然或自觉的意识,不再只是一种简单而随意的行为,而是一种人类的基本德性,是对人的一种本质规定。孔子"仁"的思想,完成了孝从宗教到道德、从宗族伦理向家庭伦理的转化。董轶普、李卉在《论中国传统孝文化的发展及其当代价值》一文中认为:孔子"创建了由'孝'的私德到公德至官德贯通为一的伦理道德体系,使'孝思想'的社会教化功能加以深化、延伸"。孔子之后,经曾子、孟子等历代儒家大师的不断完善,中国的孝文化得以全面展开。

孔子在其思想理论中丰富和发展了孝文化的内涵,提出了"孝弟也者,其为仁之本与!"[17]假孔子所作的《孝经》是儒家十三经之一,它对先秦的孝德思想进行了系统总结和全面提升,最终完成了儒家孝道思想的理论体系。《孝经》肯定"孝"是上天所定的规范,"夫孝,天之经也,地之义也,人之行也",指出孝是诸德之本,认为"人之行,莫大于孝",国君可以用孝治理国家,臣民能够用孝立身理家。《孝经》首次将孝与忠联系起来,认为"忠"是"孝"的发展和扩大,并把"孝"的社会作用推而广之,认为"孝悌之至"就能够"通于神明，光于四海，无所不通"。《孝经》在世界观上将"孝"推向极致，在政治思想上主张"以孝治天下"，对汉代及之后的传统社会政治产生了深远影响。

在先秦古籍中，"孝"的原意为"奉先思孝""尊祖敬宗"。实际上，孝养父母在先秦古籍中是用畜、养两个字来表示的。第一个将养老之"畜""养"字与事神之"孝"字二义结合起来的人就是孔子。孔子曰："今之孝者，是谓能养，至于犬马皆能有养，不敬，何以别乎？"后来孔子把孝的内涵总结为：一是以礼制孝养父母；二是要和颜悦色地孝养父母；三是要以敬爱之心孝养父母；四是要体谅父母所担心的事。至此，孝思想的内涵被孔子由宗教祭祀意义转化为善事父母的纯粹伦理意义，从宗教道德转化为家族道德。围绕这一核心内涵，曾子、孟子等历代儒家大师都不断地完善、丰富这一传统思想。直到汉代实行"以孝治天下"之国策，才使孝思想挂上政治色彩，被纳入封建道德体系中，并确定了父尊子卑、君尊臣卑、夫尊妇卑、父为子纲、君为臣纲、夫为妻纲等伦理关系。

汉代是中国帝制社会政治、经济、文化的全面定型时期，也是孝道发展历程中极为重要的一个阶段。它建立了以孝为核心的社会统治秩序，使孝成为治国安民的主要精神基础。随着儒家思想体系独尊地位的确立，孝道对于维护君主权威、稳定社会等级秩序的价值更加凸显。肖波在《中华孝文化概论》第二章中说："汉代第一次将'以孝治天下'的理论付诸实践，把在血缘宗法基础上建立起来的孝道与国家管理的实践结合在一起，丰富了孝道的理论内容、拓展了孝道的实用空间，使孝道文化得以更加适应社会的需要，为它的发展提供了更加坚实的社会基础，从而使孝道文化延续了几千年。"《孝经》《礼记》以及"三纲"学说集中体现了孝治理论的风貌。孝道由家庭伦理扩展到社会伦理、政治伦理，孝与忠相辅相成，成为社会思想道德体系的核心。

西汉是中国历史上第一个"以孝治国"的王朝，实施了一些举措，提倡和推行孝道。例如，除西汉开国皇帝刘邦和东汉开国皇帝刘秀外，汉代皇帝都以"孝"为谥号，称孝惠帝、孝文帝、孝武帝、孝昭帝等，表明了朝廷的政治追求。除此以外，西汉也把《孝经》列为各级各类学校的必修课程，还创立了"举孝廉"的官吏选拔制度，把遵守、践行孝道与求爵取禄联系起来，这成为孝道社会化最强劲的动力。

魏晋隋唐时期是孝思想的崇尚与变异时期。魏晋时期大力提倡孝行、推行孝治，目的是使臣民忠于国君。但这一时期的"孝"有些偏离孝的本质，更加注重孝的形式，王祥卧冰求鲤、郭巨埋儿等这些有违人道的孝道典型都是当时政府极力推崇和人们学习的榜样。隋唐在某种程度上继承了两汉魏晋时期孝的传统，更强调"臣忠"和"子孝"，较少谈到"君明"和"父慈"。它还通过制订缜密、完备的法律条文来约束臣民的孝行。《唐律》是我国现存的第一部成文于唐代的封建法典，当中体现出很多关于孝治的思想，可以说是我国孝思想发展的又一次飞跃。这些条文规定不仅透露出唐代对"孝道"的重视，而且揭示了唐代试图通过"孝"维护家庭内部的等级秩序，从而维护封建统治秩序。

宋代的程颢、程颐、朱熹用理学的观点对孝做了注释，使得这一时期的孝文化染上了理学思想的色彩。具体而言，"程朱"对孝道的主要贡献在于他们对孝道本体化的论证上。"二程"讲的"理"是"不为尧存，不为桀亡"的客观精神实体，万物和人性均从之衍生，人的德行则是天理在人身上的体现。与"闻见之知"不同，"德行之知"是不依靠"闻见"的，人只有通过内心修养才能达到至善境界，即悟到"天理"。因此"二程"在《遗书》中这样解释格物致知：格物在于"致知，但止于至善，为人子止于孝，为人父止于慈之类，不需外面只务观理。"朱熹的基本哲学命题是："宇宙之间一理而已。"孝经仁慈都是理的功用，"万物皆有此理，理皆同出一源，但所据之位不同，则理之用不一，如为君须仁，为臣须敬，为子须孝，为父须慈。"（《语类》卷十八）

宋元明清时期，程朱理学成为社会正统思想。理学家认为孝道有与生俱来的、先天的伦理属性，儿子孝顺父母是天经地义、不可违抗的，与此同时，孝道的专一性、绝对性、约束性进一步增强，对父母的无条件顺从成为孝道的基本要求，"父母有不慈儿子不可不孝"成为世人的普遍信念，孝道进一步沦为强化君主独裁、父权专制的工具，在实践上走向极端愚昧化。族权的膨胀和愚孝的泛滥，就是孝道畸形发展的具体表现，如"族必有祠""家法伺候"等。后来的"割股疗亲"是愚孝发展到极致的产物，孝道被异化到面目全非的地步。

近代社会，尤其是到了清末明民初，随着中国现代化的步伐加快，西方文化的渐渐侵入，民主、自由的思想开始深入人心，人民的自觉性和主体意识不断增强，一大批文化先驱站在时代的高度，从自然人性的角度来揭露封建孝文化的专制性、绝对性，并使孝文化融入时代的内涵。到了"五四"新文化运动时期，受到严厉批判的传统孝文化开始洗去尘封多年的封建专制性，转而向新型孝文化发展。

从历史的不断发展中，我们可以看到，中国传统孝文化历经了古时期的萌芽、西周的兴盛、春秋战国的转化、汉代的政治化、魏晋南北朝的深化、宋明时期的极端化直至近代的变革，是在中国长期的历史发展中积淀而成的。

第三节　古孝文化发展的特殊性和文化性

从特殊性的角度考证，宗法制度强化了孝的社会制度保障并构成了孝产生的特殊性。中国古代的宗法制度，以血缘为其纽带，以家族为其本位。宗法制度是中国文化最独特之处，这种特殊的社会制度不仅成为孝产生的温暖土壤，更使中华民族的孝文化较其他民族之孝文化具有很强的特殊性。同时，宗法制度强化了孝的社会制度，使孝在成型和发展时得到了与之相适应的外部环境：

一、宗法制度强化了孝的客体（亲代）的权威意识

随着父系血缘的确立，父权统治成为中国宗法社会的一个重要而突出的特征。在宗法家族中，父家长的权力至高无上，居于家庭全体成员之上，是家庭的核心支配力，父权在家庭中被视为"绝对命令"。父家长统治下片面强调子女对父母的感情，在古代社会里，普遍认为"父杀子，不犯法"，即"父要子亡，子不得不亡"。于是"讲孝道，重权威"的父权意识得到进一步强化，从而充分彰显了"孝"在中国传统文化中的重要地位和作用。

二、宗法制度强化了孝的主体（子代）的群体认同感

宗法家族制度下，对孩子的从小教育是通过父母教养的方式来实现的，而家庭对小孩人格的塑造具有的强大控制力，儿童的自我意识、情感需要、意志取向、兴趣爱好等方面的发展通常很难得到尊重，甚至受到压抑而不能实现。在这种教育方式下，家族中的个体的意识只能屈服和依赖宗法群体的权威性，使得"重群体，轻个体"的宗法意识色彩浓厚度不断增加，个体的自我意识不断弱化。《论语·里仁》中孔子曾说过"事父母几谏，见志不从，又敬不违，劳而不怨"，意思是要做到"孝"，就必须充分尊重父母的意志。为了在群体中找到归属感，家庭中的个体都会自觉主动地以宗法制为行为准则，而这种准则日趋一致化，使得尊卑格局由此形成，以孝为核心的等级关系便开始确立。

三、宗法制度强化了对孝的外延的推广

禹把天下大权传给自己的儿子启，打破了禅让制，中国历史上的王位世袭继承由此开端，从而使"公天下"变成了"家天下"，家国同构同体的格局形成。在宗法家族中，"父为子纲"的人伦关系、牢固的父家长制度和以长子为尊的向心力体系，推广到国家，就形成了"君为臣纲"和"君仁臣忠"的尊卑等级制度和封建政治伦理。这种关系也为后来的"移忠为孝"或"移孝为忠"奠定了理论基础，《礼记·祭义》中的"事君不忠非孝也"就是这个道理。忠孝一体化格局形成后，孝的外延也随之扩大。

另一个影响孝产生的因素是生产力，生产力的发展使孝的产生具备实践可能性，是孝产生的物质基础。在原始社会劳动成果微之甚微的条件下，要谈行孝是不可能的。随着时间的推移，到了新石器时代初期，也就是母系氏族公社向父系氏族公社转型的时期，社会生产力有了突破性的发展，主要表现在劳动工具的改进、弓箭的使用和金属工具的出现上。使用工具的改进，改变了人们原始落后的生产方式。弓箭的广泛使用，使人们在狩猎时可以捕获更多的飞禽走兽，除了满足食物需求外尚有剩余。《吴越春秋》中的《弹歌》中有"断竹，续竹，飞土，逐肉"，生动地再现了当时的狩猎场面。金属工具的使用，促进了农业的发展，人们开始定居生活，畜

牧业也有了发展。《易经》中记载的歌谣"女承筐，无实；士刲羊，无血"，反映了当时人们剪羊毛的劳动场景。在生产力水平相对发达的新石器时期，孝的产生有了较为充实的物质后盾，行孝具备了实践可能性。

孝是华夏民族文化传统中最具有基础性的精神内涵，与其他道德规范一样也具有其文化性的起源。而这种文化性受地理环境、民族性格、政治特征的影响。现对其归纳如下：

华夏民族有其独特的地理位置。黄河、淮河、长江三大水系的中下游流域（三大水系冲积而成的古代中原地区）是华夏古代文明的主要发源地，三面环山，东南部临海。这种封闭而相对狭隘的生存空间，使华夏文明受到外来文明的冲击频率相对较小。以古希腊、罗马为典型的西方文明，所处的地理位置则完全相反。古代希腊由希腊本土、地中海东部、爱琴海和黑海及西西里岛等岛屿构成，加之古代短距离水上运输技术较为发达，地中海又是欧、亚、非三大洲的交通枢纽，是大西洋、印度洋和太平洋之间往来的捷径，所以古希腊、罗马文明受外来文化的冲击相对频繁。这就是华夏文明从未中断而西方文明几经中断的地理原因。

华夏文明有包容性和再生性的特点。透过历史长河，我们知道华夏文明并不只是大地的宠儿，像"温室里的花朵"，受庇护而成长。以中原为核心的华夏文明曾多次受到异族的入侵，但她非但没有中断过，反而在吸收、包容过程中更加博大、丰富、绚烂，甚至改变和支配外来文化。比如北方游牧民族的南下，虽然影响了华夏的王朝更迭，但并未影响华夏文明的道统和延续方向。这就充分显示了华夏文明的包容性和再生性特点。相反，古希腊文明，因其自身的开放性和柔弱性，在斯巴达大起义后，随克拉苏与庞贝的镇压成功消失殆尽；而日耳曼人占领罗马后，又颁布了所谓的"蛮族法典"，对古罗马进行了文化灭绝。古希腊、古罗马文明由于自身的特点，无法与外来异族文明抗衡，这是其文明中断的根本原因。

华夏民族政权"嫡长子继承"的政治特征是文明从未中断的制度保障。嫡长子继承制是宗法制度最基本的一项原则，即王位和财产必须由嫡长子继承，"立嫡以长不以贤，立子以贵不以长"为其准则。这种独特的政治制度，使华夏文明的绵延成为可能。虽然中华民族历代王朝也曾更迭无数，但大多数都是民族内的更换；即使有过外来民族的侵入，先进的华夏文明依然焕发出强大的生命力。再看看古希腊、古罗马文明的命运：斯巴达人在公元前431年爆发的伯罗奔尼撒战争中打败雅典城邦后，希腊文明便走向了罗马文明。日耳曼人通过条顿堡森林战役，逐步取得了罗马占领权，罗马文明被迫中断的噩梦便开始了。

综上所述，华夏文明历经数千年没有中断，是外在和内在两种原因共同作用的结果。"孝"作为华夏文明的核心价值文化，在华夏文明的连续发展进程中，其内涵也随之发展、丰富和创新，特别是带有浓厚东方色彩的"嫡长子继承制"，是孝产生和发展的制度前提，这是东方文化区别于西方主要通过战争手段继承皇位和财产的国家更换方式的独特之处[18]。

第三章 古孝文化的内容、特性及历史作用

中国传统文化博大精深，源远流长。其中"孝"这棵道德大树之根，已深深地融入中华民族的血液中，流淌不息、永不停歇。这股文脉给中华民族注入生命活力，成为中华民族赖以生存和发展的精神力量，并对古代社会的政治、经济、文化、社会生活等方面产生了极为深远的影响。也正是这样的影响力，使得孝文化变得异常丰富、复杂，以致成为中国文化有别于西方文化的根本标志，成为中国传统文化的核心内容。

第一节 古孝文化的主要内容

孝文化有广义和狭义之分，广义的孝文化包括精神、制度、器物三种形态的孝文化。精神性孝文化，是对在中国历史上形成的关于孝的观念、规范、行为方式、风俗习惯等的总称；制度性孝文化，是指孝的观念、孝道原则和要求渗透到社会各领域而形成的经济政治法律制度、礼制等；器物性孝文化，是指由一定的物质载体凝结和体现的精神的、制度的孝文化，如与孝有关的建筑、服饰、器物、墓葬等。新儒家的代表人物梁漱溟说："孝在中国文化上作用至大，地位至高；谈中国文化而忽视孝，即非于中国文化真有所知。"《文化学词典》认为：孝的文化，是古代文化的一种范式，它是孝的观念、规范以及孝的行为方式的总称，是处理子女对父母、晚辈对长辈的关系的理念与行为规范。肖群忠博士在《孝与中国文化》一

书中论断："孝是贯穿天、地、人、祖、父、己、子、孙之纵向链条，孝是中国文化向人际与社会历史横向延伸的根据和出发点，因此成为中国文化逻辑之网的纽结和核心。"狭义的孝文化不应局限于精神性孝文化，而应涵盖精神性和制度性孝文化。但我们在这里从原典性的儒家孝道，即依血缘亲疏而展开的仁民爱物、博施济众、推己及人、老安少怀和尊贤有等、亲亲有术等狭义的孝文化出发而展开研究。

孝文化的内容主要体现在孔子的思想体系中：

一、养而有敬

孔子主张按照周礼的要求诚心诚意、恭恭敬敬地伺候父母。子女们小时候受过父母的养育，在父母因年老而丧失劳动能力后，有义务反过来赡养他们。子女赡养父母，叫作孝。孔子提倡的以"敬"为核心内容的高标准的新孝道，强调对父母的孝要建立在敬的基础上。孔子主张关爱父母，须将孝与敬紧密结合。如果仅仅是在物质上满足父母，那是称不上孝的，重要的是要敬，要有一颗切实的恭敬之心，使父母在衣食无忧的情况下，得到人格的尊重和精神上的慰藉。关于孝，《论语》上有一段著名的论述："子游问孝。子曰：'今之孝者，是谓能养。至于犬马，皆能有养，不敬，何以别乎？'"在这里，孔子对子游关于孝的提问没有做出正面的回答，而是先提出了世人对孝的一般理解，即仅仅将孝理解为对父母的赡养，以为能够使父母有吃、有喝、有住就是孝了。孔子认为这种认识是不行的，他一针见血地指出：就是家里养条狗，养匹马，也需要喂食、添料。如果对待父母没有敬爱之意，那跟养狗养马又有什么区别呢？孔子在这里明确提出了"养"与"敬"两个概念。孝之中既包括物质上的满足，又包括精神上的满足。养只是最起码的义务，如果仅仅停留在"养"这一层次上，那是算不上孝的，因为精神上的满足才是第一位的。孔子在总结了社会上对孝的认识后，将孝的观念提升，由孝及养，由养及敬，由敬到"色难"，对人们的养老、敬老提出了更高要求。敬是从多方面表现出来的。首先对父母不能怠慢，"君子不施（弛）其亲"。其次是不违背父母的意愿，为人子者"事父母几谏，见志不从，又敬不违，劳而不怨"。这正如《礼记·内则》

所说"父母有过，下气怡色，柔声以谏，谏若不从，起敬起孝，悦则复谏"。父母行事不当，子女可以提出劝谏。如果父母不采纳建议，也不能违背他们的意愿，而应该保持恭敬和愉悦的心态行事，要把握时机、注意交流方式，做到"父母有过，谏而不逆"。再次是要和颜悦色，使父母能在精神上保持愉悦。子夏问孝于孔子，孔子说："色难。"在《荀子·子道》中也有孔子对于孝的解释，"子路问孝于孔子曰：'有人于此，夙兴夜寐，耕耘树艺，手足脱服，以养其亲。然而无孝之名，何也？'孔子曰：'意者身不敬与？辞不逊与？色不顺与？'"孔子从身敬、辞逊和色顺三个方面提出了"敬亲"的要求。除了对父母身体和饮食给予照顾外，真正的孝要求子女在侍奉父母时做到和颜悦色、以色事亲，这是对养且敬的进一步引申与升华，它所要达到的目的是使父母精神愉悦。这对子女而言，应是形之于内、发之于外的敬爱之情的自然流露，而非表面上装出来的毕恭毕敬的模样。这样对父母的孝才称得上是无微不至。可见，孔子所说的尽孝不仅仅是要满足父母衣食等方面的要求，还要存一颗切实的"恭敬"之心。

二、子承父志

孔子对孟庄子的孝行赞美有加，因为孔子认为他能够很好地继承父亲之志。对孟庄子的孝行，孔子的评价是"父在，观其志；父没，观其行；三年无改于父之道，可谓孝也"。意思是当他父亲活着的时候，因为他无权独立行使政权，这时要观察他的志向；当他的父亲过世后，他独立自主了，这时就要考察他的行为；长时间不改变父亲的行事风格，继承父亲的事业并能够坚持下去，那就是尽到了孝道，而且是彻底的孝道，因为他实现了父子两代甚至更多代人的施政理想。孔子对此十分推崇。在孔子的思想观念中，父母死后除了葬之以礼、祭之以礼、常怀哀戚之心外，作为孝子应该继承父母的遗志，完成他们未竟的事业。孔子在这里论及的"孝"，贯穿了父母和子女两代人的责任和义务，是父辈的引导和子女的继承。从实践看，只有这样的"孝"才有利于人类社会的代代相传，才符合人情世故，才符合人自身的发展逻辑。但孔子"三年无改于父之道"的孝观念，更多地强调了一种相沿成习，这也栓桔了人的主观能动性及创造性。

三、三年之丧

孔子主张实行"三年之丧"。"丧不过三年，示民以终也"，也就是居丧应有个期限，但这三年必须服满。这样做的理由是"子生三年，然后免于父母之怀。夫三年之丧，天下之通丧也"。孔子的学生宰我对此不以为然，他向老师提出异议："三年之丧，期已久也。君子三年不为礼，礼必坏；三年不为乐，乐必崩。旧谷既没，新谷既升，钻燧改火，期可已矣。"宰我不死守周礼，从实际出发，敢于提出以一年之丧代替三年之丧，可见他是一位思想敏锐、有独立见解的人。但孔子不喜，批评他："食夫稻，衣夫锦，于汝安乎？"宰我说："安。"孔子于是生气了，说："汝安，则为之！夫君子之居丧，食之不甘，闻乐不悦，居处不安，故不为也。今汝安，则为之！"宰我退出后，孔子说："予之不仁也。"认为宰我是个没有仁义的人。从孔子对宰我的批评，可见他对三年之丧是何等的坚持。孔子之所以强烈反对宰我将三年之丧缩短，除了认为宰我缺乏仁爱之心外，还在于这个学生的主张违背了三年之丧的礼制。三年之丧是为当时的血缘宗法制度服务的，在春秋末年的社会巨变中，越来越多的人反对三年之丧，但孔子在这个问题上绝不更改主张，这也反映了他未能摆脱西周旧传统的束缚，具有思想保守的一面。自汉代以后，因汉武帝"罢黜百家，独尊儒术"，两千多年的中国封建社会，在对于父母之丧的守制上，一直强调三年之丧。可见孔子坚持的"三年之丧"影响是何其深远。

四、父子相隐

有这样一个故事，说的是叶公告诉孔子："有个朋友很正直，他父亲偷了羊，他去告发了。"而孔子回答："我那里有个直率的人不同，父亲的行为，儿子不可举证；儿子的行为，父亲不能举证。这就是直率。"叶公站在国家的立场上和孔子辩论"直"的含义，认为父亲偷羊，儿子指证就是正直。孔子认为这违背了父子亲情，按亲情至上的原则，父子应该相互隐瞒才是。在家庭里做错了事，孔子主张父子之间不揭发，揭发了就是不慈不孝，父子相隐才算是符合人情事理。孔子提出的以"子为父隐，父为子隐"成就孝德之观念，对于行孝与守法这个两难选择，采取了回避守法的态度。在孔子以前，社会上一直存在情与法之间的矛盾。当父亲触犯国法时，儿子在国法与亲情之间无所适从，往往被逼上绝路。无独有偶，曾有人问与孔子约同一时代的苏格拉底："若是我的父亲犯了法，我应不应出庭做证人，让法律去制裁他？"苏格拉底的回答是："不。"事实上西方一些国家的法律就规定：每个人都有举证的义务，不举证是违法的，但直系亲属是没有举证的责任的。因为直系亲属的举证，一方面可能不可采信，另一方面也会给双方的感情、心灵造成伤害。可见，无论中外，对父子亲情还是比较看重的。

五、父母之慈

孝敬，是子女对父母；而慈爱，是父母对子女，指父母应养育关爱子女。孔子虽然很强调子孝，较少谈论父慈，但也曾以孝慈并提。对父亲，孔子很有见地地提出了一个重要的道德规范，那就是"慈"。孔子打破了在他之前单方面强调子女对父母尽孝的伦理格局，对父辈应如何对待子女提出了要求，这也是他的可贵之处。孔子那个时代，社会上所奉行的是臣、子应怎样顺从君、父的要求，而对君、父应怎样对待臣、子却极少提及。对此，孔子提出了他的主张：父慈子孝是一种相辅相成的家庭道德。冯友兰认为："凡有道德价值底（的）行为，都必以无条件地利他为目的。如孝子必无条件地求利其亲，慈父必无条件地求利其子。无条件地求利其亲或其子，是其行为的目的。孝或慈是这种行为的道德价值。"父母的慈爱里面理应包括对子女适度的尊重，"无条件地求利其子"。孔子虽然没有深入地阐明这一点，但他却有涉及这方面的观点，如"后生可畏，焉知来者之不如今者也"，这无疑是中国历史上最早明确肯定"年轻人是有作为的"的观点。孔子的孝论，虽然很强调父母的权威，但也有晚辈应自主、自立、当仁不让的思想。这对当时父家长制这种单方面强调孝亲的观念起到了一定的修正作用。

六、孝与为政

孔子认为，践履孝道，推行孝道，这也是为政。这一观点对后世影响很大。《论语·为政》记载，季康子问孝，孔子答复说："临民以孝慈，则忠。"以孝慈教民，就可以使人民忠于统治者，孝与忠是统一的。孔子认为孝是道德的根本，是为政的根本。孝敬父母、追念祖先，并把这种风气推而广之，社会的道德风气就会变好，百姓就会变得仁德、忠于长上，国家就会被治理好。孔子顺应了春秋以来的社会变革，将孝从宗法政治的统治秩序中独立出来，转化为根源于血缘关系的自然亲情。孔子谈孝，并不将孝单纯看做政治统治的手段，而更注重其所表达的真情实感以及美化风俗的作用。所以当有人问孔子为什么不从政时，孔子回答一说："《书》云，孝乎！为孝，友于兄弟，施于有政，是亦为政，奚其为为政？"意思就是，把孝敬父母，友爱兄弟的风气延伸影响到政治上，就是参与了政治。在孔子看来，为政不一定非要当官，行孝就是为政的一种形式，为什么非要进到政治权力领域里头去分一杯羹才叫为政呢？

孔子的两个学生对孔子关于孝与政的观点作了发展。曾子说："慎终追远，民德归厚矣。"意即对父母之死谨慎对待，对先祖追念祭祀，自然会使老百姓的品德归于忠厚老实。有子讲得更明："其为人也孝弟，而犯上者鲜矣，不好犯上而好作乱者，未之有也。君子务本，本立而道生，孝弟也者，其为人之本与！"与孔子的思想不同，《孝经》的作者却试图将孝与政紧密结合起来，使孝具有了强制性，具有类似于法律的地位。这与孔子的初衷是有出入的。

七、孝仁合一

孔子所处的时代正值春秋末年，其时礼崩乐坏，天下无道，杀戮不断。面对社会的动荡和混乱，孔子欲挽狂澜，主张克己复礼，力图构建一种道德哲学，但在这样的情势下难以为之。孔子敏锐地认识到，之所以人与人之间关系破裂、礼制难以推行，关键在于人与人之间不相爱，所以孔子提出了"仁者爱人"。孔子的"仁"，正是对以往关于"仁"的思想的总结和发展。一方面，孔子把"爱亲"规定为"仁"的本始；另一方面，孔子又把"仁"规定为"爱人"。但空谈仁的境界，会使人难以理解和实行，只有从孝道入手，方可推而广之。孝悌成为仁的根本后，要做到仁就简单了，只要行孝就可以为仁，只要从孝悌做起，不仅自身可以行仁，还可以广施影响，使他人行仁。所以孔子说："君子笃于亲，而民兴于仁。"正如周予同先生在"孝与生殖器崇拜"中所说："儒家之所以特别重'孝'，起初也不过为到达或宣传其大德目'仁'之方法或手段。"可见，孝在初期，是儒家行仁的一个媒介，是仁这种哲学思想的理论基石，是实现仁的起点和途径。孔子认为，仁的核心是"爱人"，从爱父母兄弟做起，然后推而广之。其他诸如对朋友、君王乃至民族、国家的爱，都应该以爱父母兄弟为起点，所谓"不爱其亲而爱他人者，谓之悖德；不敬其亲而敬他人者，谓之悖礼"。由于对父母的爱表现为孝，所以孔子认为孝是爱人的基础，是实现仁的根本。在孔子的思想脉络里，孝是仁情之端，是行礼之始。孝与仁的内在同一性和孝、仁与礼的内外共存性构成了孔子所继承和倡导的孝文化所独有的特色，克服了以往孝文化中孝德不能完全普适的狭隘性和单纯外在规范的制约性，使孝成为人们内心自觉遵守的行为规范。

中国传统的孝道文化是一个复合概念，内容丰富，涉及面广，既有文化理念，又有制度礼仪。从基本内涵分析，其主要包含敬亲、奉养、侍疾、立身、谏净、善终六大内容：

一、敬亲

中国传统孝道的精髓在于提倡对父母首先要"敬"和"爱"，没有敬和爱，就谈不上孝。孔子曰："今之孝者，是谓能养。至于犬马，皆能有养，不敬，何以别乎？"这也就是说，对待父母不仅仅要物质供养，关键在于要有爱，而且这种爱是发自内心的真挚的爱。没有这种爱，不仅谈不上对父母孝敬，而且和饲养犬马没有什么两样。同时，孔子认为，子女履行孝道最困难的就是时刻保持这种"爱"，即心情愉悦地对待父母。

二、奉养

中国传统孝道的物质基础就是要从物质上供养父母，即赡养父母，"生则养"，这是孝敬父母的最低纲领。儒家提倡在物质生活上要首先保障父母，如果有肉，要首先让老年人吃。这一点非常重要，强调了老年父母在物质生活上的优先性。

三、侍疾

老年人年老体弱，容易得病，因此，中国传统孝道把"侍疾"作为孝的重要内容。侍疾就是在父母老年生病时，要及时诊治、精心照料，多给父母生活和精神上的关怀。

四、立身

《孝经》云："安身行道，扬名于世，孝之终也。"这就是说，做子女的要"立身"并成就一番事业。儿女事业上有了成就，父母就会感到高兴、感到光荣、感到自豪。因此，终日无所事事，一生庸庸碌碌，这也是对父母的不孝。

五、谏诤

《孝经·谏诤》指出："父有争子，则身不陷於不义。故当不义，则子不可以不争于父。"也就是说，在父母有不道德、不正确的行为的时候，子女不仅不能顺从，还应谏诤父母，使其改正，这样可以防止父母陷于不义。

六、善终

《孝经》指出："孝子之事亲也，居则致其敬，养则致其乐，病则致其忧，丧则致其哀，祭则致其严，五者备矣，然后能事亲。"儒家的孝道把送葬看得很重，在丧礼时子女要尽各种礼仪。

第二节　孔子及儒家学派对孝的贡献

悠悠历史，千年更迭。孝文化为什么能从朦胧的孝意识嬗变为学说？梳理孝文化的流变历程，我们不得不首肯孔子及其儒家学派对孝道的贡献。

从春秋末年至战国时期，百家争鸣，诸子之学林立，各种伦理思想纷至沓来，对于"孝"的陈述、标榜各圆自论。成为显学的孔子（儒家）学说，以仁为核心，而孝是仁之本。孔子经常和弟子论孝，视孝高于一切，家庭的孝悌成为每个人必备的最基本德行。《论语》中讲孝的内容特别多。有子曰："其为人也孝悌，而好犯上者，鲜矣；不好犯上，而好作乱者，未之有也。君子务本，本立而生，孝悌也者，其为仁之本与！"（《论语·学而篇》）[19]这段话的意思是："一个人为人孝顺父母，又敬爱兄长，却喜欢冒犯上司，是很少见的；不喜欢冒犯上司，却喜欢造反作乱的人，是从来就没有过的。君子专心于修身养性的根本，这个根本确立了，立身处世之道就产生了。孝顺父母、敬爱兄长，就是为仁的根本啊！"一个人如果能孝敬父母、尊敬兄长，那么他就可以对国家尽忠，不会发生犯上作乱的事情。因此忠以孝为前提，孝以忠为目的，忠孝一体，从而出现了"孝治天下"的目标。因此，儒家认为孝悌为万物之根本。

孔子对孝的论述是分层次的。孟懿子问孝，子曰："无违。生，事之以礼；死，葬之以礼，祭之以礼。"（《论语·为政篇》）[20]在这段话中，孔子认为，所谓孝，就是不要违背周礼，不要违背父母的意愿，父母的生养死葬都要符合周礼的规定，依礼而行就是孝。当子夏问孝时，子曰："色难。有事，弟子服其老；有酒食，先生馔，曾是以为孝乎？"（《论语·为政篇》）将"色难"和生活上的服侍作为孝的一个标准。又如子曰："父母在，不远游，游必有方。"这句话是说，父母健在，不要远离家乡；如果不得已一定要出远门，也必须让父母知道你所在的地方。再如子曰："三年无改于父之道，可谓孝矣。""父母之年，不可不知也，一则以喜，一则以惧。"（《论语·里仁篇》）[21]这就是说，孝不仅是在生活方面关怀照顾父母，更重要的是在思想观念上要与父母保持一致，要在精神生活和感情上多关心了解父母。孔子对孝道的论述，由"无违（周礼）"到"能养"到"色难"到"敬爱"，层层深入，要求也越来越高、越来越具体。"能养"是低层次，"色难"是高层次，两者结合起来，才是真正的"孝"。

《礼记》中说"祭者，所以追养继孝也"。孝的主要内容之一，就是"不忘本"，对已去的先人进行追养和祭奠。祭祖是对生命赐予者的情感上的缅怀和纪念，同时也使人伦关系在情感上得以延续。《论语·学而》中曾子曰："慎终，追远，民德归厚矣！"慎终者，丧必尽其礼，会恭敬慎重地办理父母的丧事；追远者，祭必尽其诚，能虔诚静穆地追祭历代的祖先；

民德归厚即"下民化之，其德亦归于厚"，意思是老百姓的道德就会趋向敦厚了。《论语》中记载：孟懿子曾向孔子请教孝的学问，孔子回答说"无违"。樊迟问是什么意思，孔子说："生，事之以礼；死，葬之以礼，祭之以礼。"孔子主张在祖先或父母去世后，一定要按照礼的要求和标准来祭祀他们。《礼记·问丧篇》曰："此孝子之志也，人情之实也，礼义之经也，非从天降也，非从地出也，人情而已矣。"意思是孝是内心情感，礼是孝的外在表现，两者都出自对祖先的真情实感。这一点在《祭义》中也有论述："祭之为物大矣！其教之本与？是故君子之教也，外则教之以尊其君长，内则教之以孝其亲。崇事宗庙社稷，则子孙孝顺，尽其道，论其义，而教生焉。是故君子之教也，必由其本，顺之至也。祭其是与？故曰祭者教之本也已。"人们在祭祀时，除颂扬祖先的功德外，还要用一定的礼节来表达、体现对祖先的崇敬，这就是孝心。

"祖"字在古代具有特殊的意义，"祖"最初的意义是根源、本源，是事物的始创者，是生命的来源。《礼记》就说："事君不敢忘其君，亦不敢遗其祖。"故不忘生命的给予者，方为天地的至理，是做人应有的道义。《尚书》说："惟乃祖乃父，世笃忠良。"意思是：你的祖父和你的父亲，世世纯厚忠正，你应该不要忘记"本"，做个有孝心的人。《广雅·释诂》也解释说："祖，本也。"由此我们得知，对祖先的崇拜，就是对生命给予者的顶礼膜拜，是情理之中的事，是天经地义的事。从"祖"字的造字方式来看，《说文解字》曰："祖，从示，且声，本义作始庙解。"在金文中，"且"就是男根的形状，祖的意义表达为祭祀生殖器，表现了古时人们对生命来源的迷茫和对生命本身的崇拜。

从孝的产生渊源和发展动因看，孝最初是从人们尊祖敬宗的宗教信仰中发展而来。祖先崇拜使人们能产生对族群的认同，比如古时打仗，先要誓师，誓师过程中要敬自己的列祖列宗。通过这一仪式强调对自己人的民族认同、强调对敌人的同仇敌忾，从而最大限度地激发士气去与敌搏斗。孝还根植于劳动人民的日常生活当中。古代的《二十四孝》记载了许多中下层劳动人民的故事，如"董永行孝感天""孟宗哭竹生笋""姜诗涌泉跃鲤"等，这些故事的描述对象大多数是老百姓，与老百姓的生活息息相关，可见孝渗透于国人的生活方式和民俗、民间艺术中。孝文化的传承发展与人民群众的推崇与躬行分不开，民间社会是孝文化传承的最主要和最广阔的天地，《二十四孝》绝大多数说的都是老百姓，有些还是社会最底层的百姓。试想，中国哪部古书、巨著、名著能够把这么多的底层民众写在史书上，让千千万万的人去学习、去模仿？

墨子是战国初年著名的思想家、政治家、军事家、社会活动家和自然科学家，早年曾"学儒者之业，受孔子之术"，因不满"礼"之烦琐，另立新说，倡导"兼相爱"。墨子把天下大乱之根源归于兄弟不和调、父子不慈孝、君臣不惠忠，强调"父子相爱则慈孝"，也是把父慈子孝当治天下太平之根本。他还提出了"爱人若爱其身"，以为爱别人也是爱自己，孝敬别人父母也等于孝敬自己的父母。这种爱无差等的观念，超出了儒家的爱人思想，是爱的双向互补。在熙熙攘攘、利来名往的社会环境下，墨子以慈孝为基础的圣王之道，大利于天下黎民百姓。

儒家的慈孝不断发展，到孟子时代，尊老已成为一种社会的淳朴民风。孟子强调，在从事道德实践和道德修养的过程中，要从家庭伦理关系入手，把孝摆在首要的位置，"孰事为大？事亲为大"（《孟子·离娄上》），"事亲，事之本也"（《孟子·离娄上》）。在日常生活中，孟子要求人们除了要履行各种孝行之外，还要做到"父子不责善"，要求子女要全心全意尽孝心，并以自己的实际行动来感悟和劝慰父母，"父子不责善。责善则离，离则不详莫大矣。"（《孟子·离娄上》）孟子非常重视对父母死后的丧葬和祭祀，认为"养生不足以当大事，惟送死可以当大事。"（《孟子·离娄上》）"不孝有三，无后为大。"（《孟子·离娄上》）不能很好地丧葬父母，或者是因无后而断了家族的香火，使得无人祭祀祖先，孟子认为是最大的不孝。在道德教育上，孟子特别重视孝道的教化功能："使契为司徒，教以人伦：父子有亲，君臣有义，夫妇有别，朋友有信。"（《孟子·滕文公上》）

孟子以孔子"孝悌为仁之本"的思想为基础，进一步阐述了孝和仁之间的关系，提出仁最基本的含义是"事亲""亲亲"，"仁也者，人也""亲亲，仁也"（《孟子·尽心上》），"仁之实，事亲是也；义之实，事兄是也"。他提倡"仁""义""孝"，目的是用宗法观念来维护封建制的统治秩序。在社会方面，孟子认为最重要的是父子君臣关系，他提出"未有仁则遗其亲者也，未有义而后其君者也"。以《孟子》为据，可见孟子从哲学、历史、政治、经济、教育、伦理等多个维度建树孝道的思想，足以佐证孟子在孝文化建设史上的独特贡献，对今天我们践行社会主义核心价值观具有重大的现实意义。

孔子死后儒分八派，其中孟子发展了孔子的学说。而荀子对孔孟的学说予以总结，并融合法家思想，形成了荀子学说。荀子在孝道问题上吸收了孔子的孝道观，结合自己独特的观点，自成一格：在神权、君权、父权的社会里，臣应服从君王的命令，子应服从父的命令；荀子却认为，孝子应该在慎重思考、分清楚对错后去服从，这才是孝道。《荀子·子道》说："孝子所以不从命有三：从命则亲危，不从命则亲安，孝子不从命乃哀；从命则亲危，不从命则亲荣，孝子不从命乃义；从命则禽兽，不从命则修饰，孝子不从命乃敬。"荀子提出的"三不从"，从家庭角度上，指出了盲从会导致错上加错，强调孝子在服从长辈时要深思熟虑，是以维护家庭利益为出发点的表现。

解析孔子及其儒家学派对孝的贡献，还需要关注两大问题：

一、孔子转变了孝道的根据

以往孝道的根据是带有宗教色彩的社会意识，而孔子把孝道的根据转变为哲学，把带有哲学韵味的"仁"立为孝的基础。儒家关于孝道的理论是由孝道派来完成的，曾子（孝道派的始祖）以"忠恕之道"为孝道的基础，他认为人们之所以要孝敬父母，不是因为社会的外在压力、鬼神的约束，而是出自内心的一种情感要求和道德自觉。在儒家后学中，在孝道观上，子思、孟子进行了人性论的证明："所求乎子以事父，所求乎臣以事君。"就是说，人希望自己的儿子孝敬自己，那首先要孝敬自己的父亲；要想臣下忠于自己，那首先要忠于长上。孝道不仅出于血缘亲情，也符合社会生活中的相关逻辑。在这里，儒家使孝道完成了从天国到人间的转化，从一种虔诚礼敬的宗教伦理变成了一种对自我意识进行反思的人生哲学。

二、儒家对孝的内容进行了转变

从追孝转化为养孝。春秋以后，个体家庭相对独立，养亲逐渐成为孝道的主要内容。孔子指出，孝亲要做到养亲、敬亲、爱亲。孟子对孝进行了更详细的说明，归结出"五不孝"，认为不仅要养亲，还要尊亲，这种尊敬必须是发自内心的爱慕。这时的孝道已涉及家庭生活的方方面面。

第三节　古孝文化的特性

从孝的内容分析，无可置疑，孝是人与生俱来的美好情感，其特性突出表现在以下五个方面：

一、孝文化的普遍性

从《二十四孝》中的人物来看，孝无年龄大小之分：陆绩六岁怀橘孝母，老莱七十戏彩娱亲；孝无贫富之别：黄庭坚家有良田千顷，仍为母亲洗便器，蔡顺家无粮，拾葚养母，两人孝心一样；孝无社会地位高低之分：文帝尝药，董永卖身，一个是皇帝，一个是长工；孝无男女之别：唐氏乳母，郭巨埋儿；孝无生死之分：王裒纯孝闻雷泣墓，丁兰刻木视死如生；孝无慈恶之别：老母慈，儿子孝，曾参至孝母子连心，后母恶，儿子也孝，闵子芦衣感化后娘；孝无远近之分：子路事亲百里负米，黄香九岁扇枕温衾；孝无形式之别：寿昌寻母弃官不仕，黔娄尝粪、孟宗哭竹；孝无能力大小之分：杨香十四打虎救父，吴猛爱亲以身喂蚊。

二、孝文化的继承性

不管是奴隶社会、封建社会还是资本主义社会，任何朝代的统治者，都把孝文化延续至今，都没有否定孝文化的存在，并且都对孝文化的发展有所改进。从历史各时期看，历朝历代都把不孝视为犯罪，并处以重罚。古时《周礼·大司徒》所载"以乡八刑纠万民"的"八刑"中，首刑即"不孝之刑"；汉简《二年律令·贼律》规定，凡父母告子"不孝"罪成立，子方都要治以死罪；秦简《法律答问》规定，达到60岁以上老人控告子女不孝，须立即受理；《唐律》规定，不孝与谋反等同，视为不赦死罪。而今，我国《刑法》有对不孝的处罚条款，如虐待、遗弃老人都属犯罪。孝的继承性可见一斑。

三、孝文化的现实性

虽然《二十四孝》里记载的都是过去的故事，但《二十四孝》中的故事不仅在过去能教育人，在现在、将来都能带来一定影响。《二十四孝》中的故事近几十年很少被人提及，从小学到大学的课本里已见不到关于孝的内容，四十岁以下的公民知道二十四孝故事的已少之又少。现在，国家将依法治国与以德治国相结合，以德治国，执政为民，加强公民道德教育，同样把孝放在重要位置。一个连父母都不孝的人，何以服务社会，何以主持正义，何以遵纪守法？人生百行孝为先。

四、孝文化的世界性

孝作为正气的化身，无国界之分。中国的孝与世界各国的孝有形式之区别，无实质之分别。各国的电影、电视剧中孝的表现，与我国的孝的表现相差不多。再说炎黄子孙已遍布世界各地，孝文化的交流已具有世界性，只是我们没有把孝文化作为一个独立文化来研究和宣扬罢了。孝文化的研究和交流，对促进两岸统一具有推动力，对炎黄子孙具有向心力，对中华民族具有吸引力。人类的发展证明：孝文化应是一个世界性的课题，应是一个永恒的课题。

五、孝文化的发展性

当今社会呼唤孝文化的恢复与发展。发展孝的表现形式有：办好社会公益事业，把个体的孝发展到集体的孝；将物质的孝发展到精神的孝；将低级的孝发展到高级的孝。社会的发展离不开孝文化的发展，因为脱离孝文化的社会，将是一个无序的社会、一个混乱的社会。因此，孝文化应同社会息息相关，与社会共同向前发展。[22]

第四节 古孝文化不断演进的原因分析

马艳认为，中国古代孝文化的地位之高，内涵的异化性和丰富性，在世界上极为罕见。独特的农业生产方式、血缘宗法制度、"孝治天下"的施行以及大力度的教化传承等四大原因共同促成了中国孝文化长期、历久不衰地演进。

生产方式是演进的根本原因。中国人的生活是建立在土地这个固定基础上的，稳定安居是农耕社会经济发展的前提。中国人年复一年地过着"日出而作，日落而息"的生活，活动范围相对狭小。长年累月的定居生活造就了中国先民极强的安土重迁的观念。人们习惯于"鸡犬相闻，老死不相往来"的自给自足的小农经济生活，而这种与世隔绝、聚族而居的生活方式，使人们的时空观念得不到足够的拓展。于是，返诸外而求之于内，先民的意识触须就更多地伸向自己的圈子内，以孝为基础的伦理道德规范因此得到了充分发展。

文化基因是演进的特殊原因。中国社会是在血缘纽带解体不够充分的情况下步入文明社会的，其社会意识对血缘纽带的执着在世界文化中是相当罕见的，这注定了中国的农耕经济与其他文化体系中的农耕经济有着根本的不同。基于血缘关系的人类自身的生产繁衍，派生出亲子之爱、骨肉之情，派生出父子、夫妇等一整套伦理规范。血缘宗法制的发展路向影响着孝观念的发展路向，决定了孝在传统伦理道德体系中的核心地位。宗法观念、祖先崇拜等伦理观念作为中华文化的因子而积淀下来，进而又作为一种"遗传基因"，成为培育中国文化的独特土壤。这种土壤就是几千年来家国同构的"家"文化的"息壤"，对以中国的"家"为起点和支点产生和演进的孝文化来说是极富营养的肥田沃土。

"孝治天下"是孝文化演进的政治保障。历代帝王几乎都对儒家孝道孝行推崇有加，并以强有力的法律制度和统治措施大力倡导孝行、惩治不孝。这集中体现在以严刑峻法维护孝道、擢用孝士和褒奖孝行三个方面。

教化传承是孝文化演进的持续保障。一方面，皇帝亲自注释、讲述孝教育的教科书——《孝经》，假托孔子述作的《孝经》与《论语》《春秋》比肩并列，被中国历代君主臣民奉为至上的经典。魏文侯、晋元帝、晋孝武帝、梁武帝、梁简文帝、唐玄宗、清世祖、清圣祖、清世宗等君王都曾亲自为《孝经》作注解释义，唐玄宗更二度亲注《孝经》。现今流行的《孝经》就是唐玄宗御注、宋朝邢昺疏的版本。以皇帝九五之尊，撰集注解讲述《孝经》的事件如此屡见不鲜，充分说明封建统治者重视对"孝道"的宣传，主要是为了达到以孝劝忠的目的。另一方面，孔子在道德教育方面主张人各有志、为人正直、笃行改过、谦恭谨慎、自知自行和文明礼貌等，这些思想对后来的孝道教育都产生了重大影响。自汉代开始，孝的教育普及到各级教育机构中，成为官民教育的最基本科目。无论私塾教育还是家庭、社会或学校教育，孝德都是最重要的道德伦理教育内容之一。[23]

第五节　古孝文化的历史作用

孝在中国历史上所起的作用如何？有学者将其归纳为五个方面：一是修身养性。从个体来讲，孝道是修身养性的基础。通过践行孝道，每个人的道德得到完善；失去孝道，就失去做人的最起码的德性。二是融合家庭。从家庭来说，实行孝道，可以使长幼有序，规范人伦秩序，促进家庭和睦。家庭是社会的细胞，家庭稳定则社会稳定，家庭不稳定则社会不稳定。因此，儒家非常重视家庭的作用，强调用孝道规范家庭。三是报国敬业。孝道推崇忠君思想，倡导报国敬业。儒家认为，实行孝道，就必须在家敬父母、在外事公卿，直至达于至高无上的国君。四是凝聚社会。孝道思想可以规范社会行为，建立礼仪制度，调节人际关系，从而凝聚社会，达到天下一统、由乱达治。五是塑造文化。中华民族文化之所以经久不衰，成为从古代世界延续至今的唯一的古文明，其原因也在于孝道文化。[24]

曹元国在第三届中华孝文化论坛上的阐述值得借鉴：

一、孝是我国历史上治天下的理论依据

从夏商周的兴衰，到春秋战国时期的各诸侯国的成败，再到秦朝的灭亡，历史的经验教训让我们的先祖在汉朝就意识到社会动乱的根源是威胁君主、非议圣人和不孝父母这三大缘由。《孝经》开宗明义，在第一章就说执政者要有至德要道，有至德要道就能天下顺和、人民和睦、上下没有怨恨，从而明确了天下顺、民和睦、上下无怨的社会和谐标准。自汉朝建立，汉高祖刘邦吸取秦朝灭亡的教训，从孝上做文章，这与而后的包括汉文帝在内的汉朝三位皇帝的做法，在历史被评价为以孝治天下，成就了辉煌的文景之治，成为我国各朝各代治理国家的榜样。

二、孝是选拔官吏的具体依据

《史记》记载：尧会将帝位传于舜，舜在孝心上的表现占了重要地位，"舜年二十以孝闻。三十而帝尧问可用者，四岳咸荐虞帝，曰'可'"。舜的德行感化了民众："舜耕历山，历山之人皆让畔；鱼雷泽，雷泽上人皆让居；陶河滨，河滨器皆不苦窳。一年而所居成邑，三年成都。"这充分说明，尧传位于舜，使社会发展，成就了民族的繁荣昌盛、人民的和谐相处。舜是我国历史上以孝为标准选择的第一位帝王。《资治通鉴》中记载晋国的智宣子想以智瑶为继承人，族人智果说："他不如智宵。智瑶有超越他人的五项长处——一是美发高大，二是精于骑射，三是才艺双全，四是能写善辩，五是坚毅果敢，也有一项短处：很不仁厚。如果他以五项长处来制服别人而做不仁不义的恶事，谁能和他和睦相处？"智宣子对此置之不理，最终导致晋国智氏的灭亡和族人的灭绝。历史的教训催生了最早的官吏选拔制度"举孝廉"，后来形成管理制度上的历史共性，如清朝以前官员的丁忧制度，现代劳动法中的探亲假制度，现代干部考核内容中的德、能、勤、绩，以及现代评选三好学生的标准——德、智、体等。从古到今，选拔任用官吏时，德都是被放在第一位的，可见人们都认同《孝经》的"夫孝，德之本也，教之所由生也"。

三、历朝历代的法律对不孝的制裁印证了"孝"在人类社会发展史上的重要作用

在我国数千年的文明发展历程中，"孝道"作为一种文化形态，受到历朝历代统治者的重视。将孝文化融入治国理政措施中，对维护社会稳定、确保各项社会规范得以遵循起到了重要作用。尧帝时要求用刑必须以德教为本，"五刑之属三千，而罪莫大于不孝"。春秋时代，齐桓公与天下诸侯会盟于葵丘，拟定了共同纲领也就是会议宣言，要求共同遵行。其第一条便是"诛不孝"，这是当时天下诸侯的共识。秦朝的吕不韦召集许多学者，编辑了中国第一部有组织编写的文集《吕氏春秋》，其中有关于孝的内容

为："夫孝，三皇、五帝之本务、万世之纲纪也，执一术而万善至邪去，而从天下者，其唯孝乎。"西汉的《王杖诏书令》可说是中国最早的养老法律，该令规定持杖者可享受种种优待，除了生活上定期发给米、酒、肉外，还可免去子或孙的赋役，使之专心供奉老人；政治上享受相当于县令的待遇；法律上凡对持有王杖的老人有谩骂、殴打行为，比照大逆不道论斩。在现代法治背景下，传统孝文化仍然是对国家法律文化的重要补充。有学者建议，在现代法律框架内强调父母与子女权利义务对等的同时，鼓励"上慈下孝"，既要父慈也要子孝；在尊重孝文化作为一种本土文化资源所具有的社会效应和经济效应的同时，充分发挥孝文化以血缘关系为基础维护、稳定社会秩序的重大作用，促进孝文化与法的合理融合，使孝文化成为引导法治的重要价值根基。就我国现行的刑法而言，其条款里就有涉及不孝的罪名，在继承法中孝对继承权的取得和丧失的作用更为明显。所以，自古到今，代表国家意志的法律中都有惩治不孝的律令，这充分体现了孝在历史上的重要作用。[25]

第四章　孝文化中的愚孝之辨

　　每一个民族都有自己独特的传统文化，它是民族繁衍生息的根基和血脉；每一个民族的传统文化都是复杂多样的，从特定的历史坐标和相应的评价标准来看，其内容有优秀与落后之分。孝文化作为中华民族优秀传统文化的精髓，历史源远流长、内容博大精深。我们站在当今时代的高度，基于马克思主义的立场、观点和方法，用历史的眼光审视，会发现孝文化不仅受到当时科学技术水平和认识能力的局限，同时也局限于当时的地域、物质生活、社会实践和思维习惯，以及历史的惰性、历史的悲剧和历史的灾难等，[26]对其内容同样可以做出优秀与落后的相对区分。习近平总书记强调："对历史文化特别是先人传承下来的道德规范，要坚持古为今用、推陈出新，有鉴别地加以对待，有扬弃地予以继承。""有鉴别"就不是全盘肯定或全盘否定的态度，不是历史虚无主义或文化保守主义的态度；"有扬弃"就是在经过分析鉴别的基础上，坚决剔除其过时落后的糟粕后，积极继承吸收其合理优秀的成分。"对存在合理内核、又具有旧时代要素的内容，要取其精华、去其糟粕。对明显不符合当今时代要求的内容，要加以扬弃。"本章就孝文化中的愚孝之辨进行梳理，目的就在于此。

第一节　口诛笔伐孝异化

　　在孝文化的发展过程中，从汉代到魏晋南北朝，甚至包括隋唐，它的作用相对来说还是比较积极向上的，也就是说发挥了一些好的作用。即便是这样，在魏晋南北朝时期也开始出现一些异化现象，其原因除统治者在孝道中塞进了私货外，孝的内容本身也发生了一定的变化，比如讲因果报应、天人感应等。这些封建思想的灌输和推行，使孝道理论发生了异化现象。

特别是历史演进到宋元明清时，孝道文化日渐走向极端。封建社会发展到这一时期，进步因素已消失殆尽，封建礼教逐渐成为束缚人们头脑的桎梏。宋元时期的一些思想家，对孝道理论一方面做了一定的传承，另一方面也对这些理论进行了一定的扭曲，像程颢、程颐、朱熹等人，就提出"存天理，灭人欲""饿死事小，失节事大"等。他们鼓吹为了给自己的父母治病，可以杀死自己的儿子，可以从自己身上割肉。这些观点不仅违反人道，实际上还违反孝本来的意图。尤其到了清朝时期，封建君王从元杂剧中找到"君叫臣死，臣不敢不死；父要子亡，子不敢不亡"的句子混杂于孝文化中，以此麻痹老百姓。到清后期，孝道已出现"论证哲学化，道德教义化，义务极端化，实践愚昧化"的四种倾向，逐渐走向自己的反面。[27]

东汉的王充曾在《论衡》中说："天地故生人，此言妄也！夫天地合气，人偶自生也。犹夫妇合气，子则自生也。夫妇合气，非当时欲得生子，情欲动而合，合而生子矣！且夫妇不故生子，以知天地不故生人也。"王充相信夫妇不是有意生子女，子女只是"情欲动而合"的产物。他这种观念，最能引起其他激进人士的共鸣。果然，孔子的二十代孙子孔融提出了青出于蓝的惊人理论："父之于子，当有何亲？论其本意，实为情欲发耳！子之于母，亦复奚为？譬如物寄瓶中，出则离矣！"更进一步地把母子关系看成了将东西寄放在瓶子里的关系。

"五四"新文化运动时期，在中国文化传统遭到激烈批判的同时，作为中国传统文化的核心内容之一，"孝"也受到了猛烈的抨击。新文化运动的一些领袖人物如陈独秀、鲁迅、胡适等都曾先后撰文，对"孝"提出了批判。其中对"孝"的抨击最为集中，其中产生的最为广泛的社会影响者当属被胡适誉为"四川省'只手打孔家店'的老英雄""中国思想界的一个清道夫"的吴虞。他先后发表了《家族主义为专制主义之根据论》《说孝》等文章，明确指出：以孔子为代表的儒家"他们教孝，所以教忠，也就是教一般人恭恭顺顺地听他们一干在上的人愚弄，不要犯上作乱，把中国弄成一个'制造顺民的大工厂'。孝字的大作用，便是如此！"[28]不仅如此，由于"孝之范围，无所不包，家族制度与专制政治，遂胶固而不可以分析。而君主专制所以利用家族制度之故，则又以有子之言为最切实。有子曰：'孝悌也者，为人之本。其为人也孝悌，而好犯上者鲜；不好犯上而好作乱者，未之有也。'其于消弭犯上作乱之方法，惟恃孝悌以收其成功。"由此，"儒家以孝悌二字为二千年来专制政治与家族制度联结之根干，而不可动摇。"他由此得出结论说，"是则儒家之主张，徒令宗法社会牵掣军国社会，使不克完全发达，其流毒诚不减于洪水猛兽矣。"[29]吴虞的相关论断，显然是立足于传统社会中"家"与"国"之间的紧密关联，从"家庭"与"社会"这两大层面对儒家所推崇的"孝"提出了颇为尖锐的批评。又如钱钟书在《管锥编》中提到：这种以父母以外的立场进行的发言，在二十世纪的中国，曾引发过一番讨论，其是由汪长禄引起的。汪长禄写信给胡适："大作（《我的儿子》）说，'树本无心结子，我也无恩于你。'这和孔融所说的'父之于子当有何亲！''子之于母亦复奚为！'差不多是同一样的口气。"

在当代，同样有对"孝"进行批评的声音。耶鲁大学教授陈志武在《"养子防老"的不道德——给女儿的信》中说：在自己选择怀孕、生孩子之前，你必须问自己：是不是因为热爱小孩、热爱生命、热爱人之情才怀子育女？如果你知道自己不一定喜欢子女，但出于养老需要而生孩子，那么，你真的对不起还没出生的子女，因为在他们还没出生之前，就被你赋予了终生的包袱，没出生前你的孩子就无选择地担当了众多责任，这样做对后代是天生的不公平！因此，因"养子防老"而生子的行为是一种不道德的自私！

中华孝文化研究中心常务副主任、湖北省孝文化研究会副秘书长胡泽勇教授在中央文明办组织的"孝道在当代中国"网上系列访谈中解析了孝文化的二重性，并指出孝存在如下弊病：

一、"忠孝合一，移孝作忠"思想

孝道宣扬"忠者，其孝之本与"的观念，使自身成为维护封建专制统治的思想道德工具。历代封建统治者正是在孝道思想的掩盖下，实行封建愚民政策，利用孝道思想的外衣为其封建统治服务。当代社会是民主社会，虽然封建皇权统治已不复存在，但对孝服务于封建专制统治的特性与历史应该保持清醒的认识，以肃清其流毒。

二、"无违"思想

孝道思想中"不顺乎其亲，不可以为子"的观念，渗透着人与人之间不平等的思想。这种不平等的关系表现在亲子关系中：父母绝对没有错误，错误只能在子女；父母对子女有绝对支配权，甚至有生杀权，子女对父母只能无条件服从，逆来顺受。孝道的"无违"思想对子女的独立人格和社会价值予以根本否定，压抑子女的进取和创造精神。现代社会倡导独立、自由和平等，鼓励创新，关注人性的解放，因此，对孝道的"无违"思想，必须加以抛弃。

三、"父子相隐"思想

传统孝道强调"家庭本位"，宗法亲情被看作最高价值，因而古代法律在很大程度上向宗法伦理倾斜。当父子家人有人犯罪时，道德和法律都鼓励或默许他们之间的相互隐瞒和庇护，所谓"亲亲得相隐"。这种私情大于公法的观念，是与现代社会法律面前人人平等的精神格格不入的，不利于现代法治建设。

四、"厚葬久丧"思想

传统孝道所倡导的"事死如生"和"三年守丧"的丧葬理论，不排除有对死者的敬重成分，但也暗含着炫富、攀比的心态，既浪费资源也不近情理，在历史上就受到过批判。当代社会提倡"厚养薄葬"理念，钱应花在老人生前，为了充门面、装孝道而"厚葬久丧"，是不符合科学和现代生活方式的，应该受到批评和遏制。

五、"孝感"思想与愚孝观念

传统孝道将某些孝子孝行加以神化，诸如大禹"孝感动天"、董永"卖身葬父"、"哭竹生笋""卧冰求鲤"等，使一部分非理性的孝子对行孝产生不切实际的幻想，做出"埋儿弃子"等愚孝行为。至于"尝粪忧心""割股疗亲"之类，都是没有科学根据的愚昧孝行，不符合现代科学精神。[30]

沈碧梅在"立身国学教育"中也揭示了孝的消极面：一是愚民性。中国历史上的孝道文化强调"三纲五常"等愚弄人民的思想，其目的是为了实行愚民政策。孔子也说"民可使由之，不可使知之"。历代统治者正是在孝道思想的掩盖下，实行封建愚民政策，利用孝道思想的外衣为其封建统治服务。二是不平等性。儒家孝道思想中"君臣、父子"的关系以及"礼制"中的等级观念鼓吹着人与人之间的不平等。三是封建性。在封建阶级处于上升趋势的过程中，其相对于奴隶制来说，具有进步性。但在资本主义开始萌芽、封建阶级处于没落趋势时，儒家思想几乎成为封建阶级的最后避难所。四是保守性。儒家思想作为中华民族传统文化的核心，从政治上来说，在封建社会后期演变成为统治阶级的思想武器，扼杀创新力量，强调对圣贤思想理念的守成；在文化上表现为文化守成主义，不思进取，给中华民族文化蒙上落后的色彩。

还有专家指出：不可否认，孝道在封建社会中被统治阶级拿来作为其宗法等级统治的精神基础，从而使人愚忠、愚孝，以巩固他们的专制统治。这就使孝文化或多或少具有一些阻碍社会或延缓社会进步的作用，所以其负面影响也不容忽视。一方面，对社会来说，孝在实质上是导向老年本位主义，使整个社会的重心后倾，从而减慢了社会发展速度。青年人作为社会中最有活力的部分，其开拓、进取、冒险精神在老人本位面前都丢失了价值，受到倾向保守的年老父辈的制约和束缚，使得社会重心倾向于过去。试想，如果每一代人都持有"无改于父之道""不改父之臣与父之政"的"向后看"的保守思维，社会怎么能大踏步前进？另一方面，对个人来说，孝文化妨碍个性发展和创造性的发挥，不利于独立人格的形成，因而使社会发展失去其主体动力基础。孝成为一种单向性的义务，必然会形成"尊老抑少"的价值观，从而剥夺子女的人格独立与意志自由，禁锢他们的思想，妨碍他们的创新与个性发展，从而加剧家庭内部的代际冲突，对后代的社会地位、人格塑造等方面都产生消极的影响。[31]

第二节　正本清源话孔孟

大多数人都有这样一种观点：中国孝文化提倡孝道是应该的，但其"愚忠愚孝"的做法却很错误。其实，这是对中国孝文化的误解。因为原始的中国孝文化或者说真正的中国孝文化本身就反对"愚忠愚孝"，而且也只有中国孝文化才全面而系统地讲出了什么是智慧的、理性的、符合自然之道的忠与孝。可惜这些阐述文化精义的典籍却很少有人去研读，以致大家没有机会澄清误解。[32]

儒学用三纲五常维系专制统治与等级社会，压抑、扼杀人性，并在相当长的历史时期内钳制着人们的思想意识，阻碍了科学技术的发展，是不争的事实。由于孔子被尊为儒学先师，有些人把这笔账记在了孔子头上。其实，孔孟是反对愚忠愚孝的。孔子讲"君使臣以礼，臣事君以忠"（《论语·八佾》），孟子说"君之视臣如手足，则臣视君如腹心；君之视臣如犬马，则臣视君如国人；君之视臣如土芥，则臣视君如寇仇"（《孟子·离娄下》）。他们认为君臣关系是对等的，虽然说"君为臣纲"，但二者间并不是绝对服从的关系。还有儒家的人说"君不正臣投别国"，说无道之君要"诛之"，或者换掉。

"三纲五常"是汉代儒学家的主张。董仲舒"罢黜百家，独尊儒术"的建议被武帝采纳，从此之后的两千年封建社会才以儒学为正统。老一辈著名学者金景芳先生的一个重要观点是：儒学不等于孔学，后世的汉学、宋学都是儒学，却不是孔学。金先生认为汉儒的学问已严重地离开孔学，每一个封建王朝都把孔子当神圣供奉，但信奉孔子是假，维护统治是真。

关于孝的问题，《韩诗外传》中有这样一个故事可以诠释孔子的主张：孔子的学生曾参是著名的孝子。一天，曾参有了过失——锄草时误伤了苗，他的父亲曾皙就拿着棍子打他。曾参没有逃走，站着挨打，结果被打休克了，过一会儿才渐渐苏醒过来。曾参刚醒过来就问父亲："您受伤了没有？"鲁国人都赞扬曾参是个孝子。孔子知道了这件事以后告诉守门的弟子："曾参来，不要让他进门！"曾参自以为没有做错什么事，就让别人问孔子为什么生气。孔子说，你难道没有听说过舜的事吗？舜做儿子时，父亲用小棒打他，他就站着不动；父亲用大棒打他，他就逃走。父亲要找他干活时，他总在父亲身边；父亲想杀他时，无论如何也找不到他。现在曾参在父亲盛怒的时候，也不逃走，任父亲用大棒打，这就不是王者的人民。"身死而陷父于不义，其不孝孰大焉？"还有比这更大的不孝吗？假如曾参死了，父亲也因杀子而死，那曾参的罪过就实在太大了。

在父亲失去理智的时候，拿着大棒乱打儿子，如果打死、打伤或者打成残废，他冷静后会感到十分懊悔，这会给父亲的心灵上留下沉重的阴影，永远无法摆脱，这是"不逃"给父亲造成的精神创伤。真正的孝子要逃避父亲的盛怒，避免给父亲造成精神伤害。不管当时鲁国人怎么夸奖曾参，孔子还是严肃地对待此事，以便给后人留下正确的意见。很显然，对"父叫子死，子不得不死"的说法，孔子是不同意的。不该死的，就不能轻易地死去，即使有父命。[33]

孔子当然不否认曾子的孝心，他否定的是不知变通的愚孝。从现实生活的层面讲，作为儿女受到父母批评或一定程度的体罚，能恭敬顺受，这是应该的，哪怕是被委屈都没关系。从常理讲，大多数父母对儿女关爱备至，轻易舍不得打孩子。所以能够"小棰则待过"也是做儿女的良心与本分。而偶然遇到父母不理性甚至行为过激的时候，不要正面冲突，适当躲避才是理智的做法。[34]

"小棰则待过，大杖则逃走"是孔子教给我们的尽孝的良心和智慧。

战国后期的大儒荀子认为"从道不从君，从义不从父，人之大行也"。（《荀子·子道》）当鲁哀公问孔子"子从父命，孝乎？臣从君命，贞乎？"时，孔子没有回答，出来告诉他的学生子贡说"子从父，奚子孝？臣从君，奚臣贞？审其所以从之之谓孝、之谓贞也"。（《荀子·子道》）子从父，怎么能说是孝子呢？臣从君，怎么能说是贞臣呢？要看在什么样的情况下从命，才可以说是孝、是贞（忠）。可见，孔子不认为听话、盲从的臣子就是忠孝的臣子。[35]

就拿我们最为熟悉的鲁迅先生的《二十四孝图》一文来说，有专家认为，鲁迅批"愚孝"，是有着特殊的时代背景的。那时的鲁迅，为了反对僵死的封建礼教传统，将一些孝道的具体表现形式，诸如《二十四孝》里提到的那些，作为批判的对象，进而推翻"孝治天下"的封建文化。但如今这样的背景已不复存在，倒是家庭关系的松散和亲情的淡漠，越来越成为一种值得警惕的社会现实。在这样的时代背景下，继续以鲁迅反愚孝来反对孝文化，其实是从一个极端走向了另一个极端，不仅错误理解了孝，更错误理解了鲁迅。实际上，鲁迅自己就是个孝子，尤其是在生活上，对母亲的照料相当细心。

这位专家同时批评：现在很多人一提起"孝"，就想起"光宗耀祖"。我想这大概来源于孔子在《孝经》中所说的"身体发肤，受之父母，不敢毁伤，孝之始也。立身行道，扬名于后世，以显父母，孝之终也"。珍惜自己的身体生命，是孝的开始；修身遵从道义，名扬后世，使父母荣耀，是孝的终极。可是大家看到了"扬名于后世"，却忽视了"立身行道"。要知道，"立身行道"在前，"扬名于后世"在后。在人类普遍道德水平比较高的时候，扬名后世的都是有德之士，"扬名于后世"是"立身行道"的必然结果，却不是做人的目的。"孝"是通过"立身行道"达到的。当人类的道德水平开始下滑的时候，"扬名于后世"变成了目的，于是就有了不择手段向上爬的人。其实真正的"孝"是通过修身养德实现的。

著名时评家张捷曾撰写与前述观点不同的文章，批评一些人对中国孝道的曲解：有人拿出《二十四孝》中的埋儿奉母来说中国孝道的问题，但这是中国在富裕之后没有饿死人的压力下难以认同的内容，我们不能脱离历史背景来评判它。你不能忽视其中的前提：粮食不够吃，养不活全部的人，养新生的儿子就养不了母亲，而养了母亲就养不活孩子，两个都养一定是都不够吃、都养不活，在这个残酷的选择面前，中国传统文化的价值观就是要老人优先，而西方则是老人要被淘汰，老人没有了劳动能力就该死。《二十四孝》中的这一则就是教育社会要把老人放到孩子的前面，而实际生活中在孝之外又还有慈，父母是愿意为孩子牺牲的，这里是有辩证关系的！就如我们遵守母亲的教诲，但同时儒家纲常里面还有夫死从子的说法，这还要求母亲从儿子呢！所以孝是相对和辩证的，绝对化的本身就是妖魔化。

再进一步讲，父母做得不对的事情，也不是要你遵从，而是要求你谏诤的。《孝经》谏诤章中专门记载了孔子和曾子关于孝道的一段对话：

曾子曰："若夫慈爱恭敬，安亲扬名，则闻命矣。敢问子从父之令，可谓孝乎？"子曰："是何言与，是何言与！昔者天子有诤臣七人，虽无道，不失其天下；诸侯有诤臣五人，虽无道，不失其国；大夫有诤臣三人，虽无道，不失其家；士有诤友，则身不离于令名；父有诤子，则身不陷于不义。故当不义，则子不可以不诤于父，臣不可以不诤于君；故当不义，则诤之。从父之令，又焉得为孝乎！"

这段话翻译为白话文是：曾子说："像慈爱、恭敬、安亲、扬名这些孝道，我已经听过了教诲。我想再冒昧地问一下，做儿子的一味遵从父亲的命令，就可称得上是孝顺了吗？"孔子说："这是什么话呢？这是什么话呢？从前，天子身边只要有七个直言相谏的诤臣，纵使是个无道昏君，也不会失去天下；诸侯有直言谏诤的诤臣五人，即便自己是个无道君主，也不会失去他的诸侯国地盘；卿大夫有三位直言劝谏的下属，即使是个无道之臣，也不会失去自己的家园。普通的读书人有直言劝诤的朋友，自己的美好名声就不会丧失；为父亲的有敢于直言力诤的儿子，就能使自己不会身陷于不义之中。因此在遇到不义之事时，如是父亲所为，做儿子的不可以不劝诤力阻；如是君王所为，做臣子的不可以不直言谏诤。所以对于不义之事，一定要谏诤劝阻。如果只是遵从父亲的命令，又怎么称得上是孝顺呢？"可见，孝的真正内涵在于履行天道，让天地正义的原则彰显于君臣、父子及朋友之间，君主有错、父亲有错，做臣子的和做儿子的则应直言劝诤，使君父不陷于不义之中，此之谓真孝。那么，当尽忠和尽孝不能两全时，忠义为先的原则就不言而喻了。尽忠是为实现普天下之正义而替天行道的高尚行为，是以天下的父母为自己父母、先人后己的一种高尚品格的表现，这与今人所理解的狭隘的"孝"有本质的区别。现在很多人不读《孝经》了，而在古代《孝经》是儒家最重要的十三经之一，为读书人必读和立身之本。能够在社会上以愚孝的偷换概念来歪曲中国的孝道文化，本身也是中国孩子们的传统文化教育缺失和无知的结果。[36]

总而言之，儒学提倡的孝道是建立在人类宝贵感情基础上的，父母对子女的慈爱与子女对父母的孝敬是紧密联系在一起的，它们都是人类发自内心自然的、真挚的感情，是人类与生俱来、万古长存的美德。儒家提倡的"仁者爱人"，无疑是对的，现在仍应予以倡导。它提倡的"爱人"，是具体的、由己及人的，"老吾老以及人之老，幼吾幼以及人之幼"，强调"孝悌为本"。人生活在各种人际关系中，最根本的是父（母）子（女）关系，最亲近的人是自己的父母。爱人，首先要从爱自己的父母起。一个人如果连自己朝夕相处的亲人都不会爱，那你还能指望他爱别人吗？

第五章 古孝文化的影响

德国哲学家卡尔·亚斯佩尔斯在其著作《伟人》中，将苏格拉底、释迦牟尼、孔子和耶稣列为世界上四大伟人。西方国家中对社会发展做出贡献的柏拉图、亚里士多德、亚当·斯密和康德等哲学家，对个人主义的发展和理性的完善一直发挥着重要的影响，而亚洲国家则更受儒学创始人孔子的影响。

孝文化是传统文化的基础和核心，是中华民族最重要的传统美德之一，它具有极其强大的生命力，深刻地影响了我国乃至亚洲国家几千年来的政治、经济、文化和社会生活，尤其是深深地浸染着中国人的心灵，并积淀和内化为最具民族特点和凝聚力的文化基因，成为一种普遍的伦理道德和恒久的人文精神。所以，"晚清第一名臣"曾国藩曾经感慨"读尽天下书，无非一孝字"。孙中山认为孝道是中华民族的特点，也是优点。黑格尔在谈到中国的孝道时曾说："中国纯粹建筑在这一种道德的结合上，国家的特性便是客观的家庭孝敬。"马克斯·韦伯说中国人"所有人际关系都以'孝'为原则"。1988年，几十位诺贝尔奖获得者在巴黎会议上明确提出："如果人类要在21世纪生存下去，必须回头2540年，去吸取孔子的智慧。"

第一节 古孝文化对世界的影响

在西方国家并没有"孝"这一理念，西方人对于"孝"比较难以理解。西方人虽然也热爱、尊敬、关心父母，但并不像我们那样过问父母的饮食起居。他们认为父母有父母的生活、自己有自己的生活，彼此互相尊重就够了；过多地嘘寒问暖，有干涉隐私之嫌。而西方的老年人在精神上则强调独立，不愿意依靠子女，生病靠医疗保险和医护人员，养老靠国家优厚的福利待遇，不需子女插手。老人和子女在经济上来往不多，父母不供养成年子女，反之，子女也不需赡养老人。在孝敬父母问题上，西方人认为可有可无，奉养父母、为父母养老送终并不是子女必须履行的责任。在现实生活中，近于残酷的"平等"事例处处可见，如在德国、瑞士等西方国家，孩子可直呼父母的名字；在美国，老人搬家请搬家公司，儿女不必一定前来帮忙；周末，儿女前来帮父母收拾庭院、修剪草坪，父母可能要支付工钱。有这样一个故事为证：某西方国家一外交官的父母来北京探望，全家老少到前门烤鸭店品尝烤鸭，结账时竟然实行AA制。诸如此类，在中国是不可想象的大逆不道。

但也有人说，孝文化是人类共有的文化。放眼世界，任何一个国家或民族，都有他们自己的孝文化。外国人也在孝敬父母，他们并没有把自己的父母抛到荒郊野外不管，他们也跟我们一样，对自己的父母养老送终。否则的话，他们的民族就难以存在和发展。特别是近几年来，一些现代西方心理学家，以心理学的科学论点，开始强调孝敬父母对人一生幸福的重要性。德国心理学家海灵格就认为，一个人要想生活得幸福，就一定要与其家族系统产生良好的链接，而链接的关键，就在于其对于自己父母的接受程度。而从西方流传已久的"母亲节""父亲节"中也可以看出他们是在用另一种方式表达子女对父母的"孝顺"与尊重。

孝文化的根虽然在中国，但一些亚洲国家受中国传统文化尤其是孝文化的影响很深，如朝鲜（包括韩国）、日本和越南，以及新加坡、泰国、马来西亚等。孝文化的传播在这些国家有很长的历史，在华人社会中有很大的影响。下面我们分国家来讨论这一现象：

一、朝鲜

早在公元1~2世纪，朝鲜高句丽、百济、新罗三国初建时期，中国秦汉时的儒学经典就大量传进朝鲜。三国时期，朝鲜儒家学者尤其重视孝的思想，认为孝是人的天性，是人人都应遵守的普遍准则。同时，他们又主张孝是一切行动的根本，以孝的精神事君就是忠。在朝鲜的三国时期，人们都认为儒学可以维护统治秩序、加强王权，因此采取措施推广儒学，并由国家设置机关加以提倡。

李朝奠基人李成桂利用儒学家除去佛教势力，推翻高丽朝，建立新政李朝。李朝文官全部改由儒生充任，佛教的地位被贬抑，儒学上升为朝鲜的国学、国教，成为朝鲜士大夫的建国理念。经过一段时间的发展，程朱理学在朝鲜找到了自己的社会势力——士林派。经过士林派的努力，程朱理学在朝鲜得到迅速传播，影响逐渐扩大，最终为朝鲜新儒学的成熟奠定了稳固的理论基础。

而今，孝文化在现代韩国的伦理道德观念中仍然在起作用。韩国崔圣奎先生所著的《孝之延续》《孝学概论》《孝神学概论》等书，不仅深入探究了孝道文化的推广史，还从七大方面扩充了孝道的内涵。

儒学思想对韩国青少年和整个社会的影响可以说已潜移默化到每个角落。尊老爱幼、礼貌谦让，这些从仁义礼智信，恕忠孝悌的儒家思想演变过来的基本素质教育已成为德育必修课，学校中都有与儒家思想有关的伦理道德课，家中、社会均有实例可鉴，可供耳濡目染。在尊老问题上，韩国的家长在家庭中有说一不二的权力，子女们除了听从，没有别的选择。另一方面，子女对父母的赡养在韩国也比较普遍。子女成家立业，仍要好好回报父母，所以才有"孝子产业"的方兴未艾。

儒家思想在指导经济发展方面的成功也得到了承认，如敬业乐群、重视现世、积极进取、勤俭持家等。在国家精神层面，儒家讲求"天下兴亡，匹夫有责"，即一旦国难当头，全国同仇敌忾，韩国经济危机中的献金运动就是明证。儒家思想提供的社会凝聚力也在实践中得到了证明：韩国工人运动如火如荼时，无论工人或资本家，都喜欢把劳资矛盾描述为家庭成员之间的伦理矛盾，而非敌我矛盾。[37]

二、日本

日本是一个岛国，风急浪高的海洋在古代是难以逾越的天险，因而使日本一度处于相对偏远封闭的状态，长期落后于亚洲邻国。日本人对先进的外来文化具有强烈的好奇心和求知欲，能努力克服困难，主动吸取外来文化，曾兴起三次大规模学习外来文化的改革运动。其中以儒学为指导的"大化改新"运动，使日本成为东亚强国；以儒学为指导的"明治维新"运动，使之迅速成为世界强国。

据记载，公元377年，儒学开始传入日本。儒家的经典著作《论语》《礼》《乐》《书》《孝经》等先后传到日本，使得日本贵族深受中国儒家思想影响。日本推古天皇朝的圣德太子(593年~621年) 对中国的灿烂文化推崇备至，先后向中国隋朝派出五批"遣隋使"和留学生，同时在国内实行"推古改革"，以儒学思想为中心，制定了《冠位十二阶》和《十七条宪法》，意图建立以天皇为中心的中央集权国家体制。圣德太子奖励儒学，社会上很快形成好儒习汉的风气，儒家思想很快普及到日本各地，揭开了日本大变革的序幕。

645年6月，革新派拥立孝德天皇登基。孝德天皇推崇儒学，令全国每户备《孝经》一本，主张"孝为百行之先"。646年元旦，他也以儒学思想为指导，颁布《改新之诏》，正式兴起大规模向外学习的变革运动，史称"大化改新"。孝德天皇确立了以儒学为基调的律令政治，促进了日本社会的全面发展。之后，天智天皇编纂了日本第一部成文法《近江令》；天武天皇编订了《飞鸟净御原律令》和《大宝律令》，巩固了改革成果，完成了大化改新。平安时代，天皇掌握国家政权，是国家唯一的统治者，此时的日本人只有一个尽忠对象，那就是天皇。只要天皇需要，他们可以献出一切，包括生命。日本人的这种做法是为了回报对于他们来说是最高恩情的"皇恩"。可以说，"忠"是日本的最高价值取向。

源于中国儒教传统的"忠孝观"，在日本虽然得到了适应性的发展，但在以"忠孝"为伦理的体系中，居于首位的仍然为"忠"，而与"忠"紧密相连的仍然为"孝"。"忠"是当时日本子民的首要政治任务，是对"至敬者"的；而"孝"是作为家庭成员的第一义务，是对"至亲者"的。也就是说，以个人成长而论，"孝"要先于"忠"；而在以政治价值为优先考虑对象时，"忠"却要优先于"孝"。在日本，"忠"与"孝"之间并不矛盾，培养孩子之"孝"，是为了成人后尽"忠"，也就是"孝"强化了

"忠"。"忠"与"孝"联系得非常紧密，几乎是统一的。日本哲学家中江藤树教授所著的《翁问答》以及《孝经启蒙》也是孝文化研究方面的典型著作。他受中国《孝经》的启发，完成了《翁问答》一书，从实践层面具体阐明了"孝"的思想。他指出孝德是人的"本心"，世间万物都"存在于吾本心孝德之中"。在《孝经启蒙》一书中，他从意识形态的层面，论述了"孝"的观念，进一步对《翁问答》一书中"孝"的思想做了补充。

"忠孝观"已成为"保驾日本走向现代化的文化因素"，不仅有助于维护日本社会的高度统一，更有助于日本经济实体内部的团结与协作。其作为日本社会系统中心价值，对于日本社会的政治、经济、文化呈现出的状态具有重要影响。比如日本近代实业之父——涩泽荣一第一次将儒家伦理纳入经济增长过程，他以国家利益为出发点，把以往贱商的"义利观"转变为有利于资本主义工商业发展的新伦理观，提出"义"和"利"统一的观点，将道德与经济、"侍魂"与"商才"有机统一，找到了传统伦理观与近代资本主义经济伦理观的结合点，解决了儒家长期以来的重义轻利问题。这一新的经济伦理思想对于日本整个经济机制的运行起到了不可替代的作用。

日本逐步把儒家伦理中的合理因素纳入经济增长过程，儒学很快渗入到工业、农业、贸易等经济领域，日本社会在"义"的旗帜下追逐着现代化的实现。而这一实现过程是吸收与改造儒家伦理的过程，也是重新走向对儒学的肯定的过程。特别是战后，日本国内一片狼藉，儒家思想渗入到战后的社会秩序恢复与经济管理当中，再次起到调节社会关系的功能。它调节着国家与国民以及劳资间的关系，支撑着人们勤奋而紧张的工作，对社会起着一种修复与聚合的作用。至今，日本的管理模式仍有以下三大特征："以和为贵"，强调团体内部和谐与共同进取的精神，使企业上下团结一致、同舟共济、内和外争；"以人为本"，重视"人"在企业中发挥的作用，使企业职工心甘情愿地为企业效力；"以德为先"，强调正人先正己的管理者作风。此外，《论语》是大多数日本企业的首选必读书，其次是《菜根谭》《三国演义》《孙子兵法》等。[38]

三、越南

在二千多年以前的秦汉时期或更早一些时间，中国统治者便在越南设立郡县，派精通儒学者去任地方官吏。他们用儒术治理，使当时不知嫁娶礼法、残存相当原始的婚姻关系的越南社会面貌大为改观，文明社会的道德观念开始逐渐树立起来。最初给越南带去儒家文化制度的是锡光和任延两人，他们分别出任交趾和九真太守，受到越南人的欢迎和拥戴。儒学对于加速越南的封建化，对古代越南的社会发展都起过积极作用。越南进入封建社会后，在教育上迅速实现了儒学化，从办学宗旨到课程设置、教材审定，都体现了崇尚儒学的精神，突出了读经尊孔的特点。1075年，越南开始推行中国的科举制，实行以儒家为准的取士制度。

四、新加坡

新加坡地处欧亚要道，因地理环境关系，虽经济繁荣，但受到各种人生观和价值观的冲击和影响，使得一些青年蜕化堕落。从20世纪80年代起，新加坡政府开始推行以中国儒家传统文化为中心内容的"文化再生"运动。1982年春节，李光耀总理号召新加坡人民保持和发扬中华民族儒家的传统道德，并把"忠孝仁爱礼义廉耻"作为政府必须坚决贯彻执行的"治国之道"。据《新快报》报道：1995年，新加坡国会通过了《赡养父母法令》，规定子女必须对父母尽赡养义务，父母可将不孝子女告上家事法庭，并追讨赡养费等。可以说新加坡是全球第一个为"赡养父母"立法的国家。

而今，新加坡政府对儒家伦理的重视并没有减弱。儒家重视家庭结构、人际关系、群体利益，强调政府有责任为人民谋求福利的思想，被当做共同价值观而加以发扬光大。新加坡的何子煌博士就1977年出版的姜玉哲的《孝和社会教育》进行了深入的研究，其代表作《孝经的研究》，把孝道系统概括为奉养父母、尊敬父母、让父母快乐、对祖先追思、光宗耀祖、移孝作忠六个层次，并指出孝道最基本的要求就是奉养父母、维持亲子关系的和谐。新加坡的大专院校、学术团体、各主要中文报纸也配合政府，时常举办有关的学术讨论会、座谈会、讲习班，扩大儒家思想的影响。通过上述传承，儒家所提倡的仁义礼智、忠信勤俭、勇恕正直、慎终追远等美德得到推广，孝文化学说在新加坡已有广泛市场。[39]

第二节　古孝文化对中国的影响

国外一些有识之士发现：东方文化，特别是儒家孝文化对人类的发展和进步有着极其重要的影响。在1990年于我国北京召开的"孔子诞辰2540周年纪念与学术讨论会"上，联合国教科文组织总干事代表泰勒博士致词说："孔子推崇家庭和建立一个美满家庭所需要的互敬互爱。家庭单位是建立在父母、子女、兄弟、姐妹之间的那种基本关系的基础上的，也存在于朋友之间，存在于领袖与该国的公民之间。这种关系尤其体现在互敬互爱和克己上，而我们的世界急切地需要这些。"泰勒博士的这段致词，其核心就是一个孝字，由孝延伸到悌、忠、信，由家庭延伸到社会，由社会延伸到国家、国际。1990年是国际老人年，其目的是尊老敬老，向世界推广儒家思想，使世界各国和平共处、共同发展。

"孝"之意义不仅在于维系家庭，更在于安定社会国家，二者的统一是评价社会的根本标准。家庭伦理与社会国家伦理的一体性，是中国传统伦理观的一个突出特点。它之所以可能，既在于家国同构的传统社会的现实，亦在于以维护这一现实为己任的儒家学术的自觉。在儒家看来，家庭伦理无疑是全部伦理关系的起点，一切伦理原则和规范都植根于家庭血缘亲情的基础上。但"家"的概念在中国社会却有它的特殊性，其本义是一国分数家、"大家"共一国，这就必然影响到在此基础上形成的家庭伦理，并最终决定了家庭伦理和社会国家伦理在根本上的一致性和互通性。

孝文化作为经世之学，有安邦定国的无穷力量，所以有"半部论语治天下"一说。《论语》集中体现了孔子的政治主张、伦理思想、道德观念及教育原则等，其中有许多言论至今仍被世人视为至理。例如，他指出了治国安邦四大要素：治国的根本在于"人伦纲常"；治国的前提在于君子要以身作则；治国的四个基本方法是"选才、富国、教育、立法"；治国的基本原则是讲究信用，关爱人民。

在几千年的中国发展史上，孝文化对政治伦理影响深远，不仅影响到古代社会的各个层面，规范着中国的家庭秩序和社会等级，而且形成了一套独特的政治伦理制度，影响着国家秩序。《论语·颜渊》中齐景公问孔子为政之道，孔子说"君君、臣臣、父父、子子"，要求等级分明尊卑有序。齐景公赞道："善哉！信如君不君、臣不臣、父不父、子不子，虽有粟，吾得而食诸?"反映出"孝"不仅是一种家庭社会伦理，也已被纳入政治伦理的范畴。古代中国家国同构，国家从某种程度上就是家庭的放大。在古代中国伦理本位的社会，家庭伦理扩大了就是政治伦理，"家族血缘的情理上升为国家政治的法则"，君主就是家族长，百姓就是子民。"君父""子民"的观念成为政治理论基础之一。

"孝"是父子关系的规范，它上升为君臣关系，就是"忠"，这就是"移孝作忠"。"悌"是兄弟关系的道德，扩充为上下关系，便是所谓的"顺"。由此，从"父父子子"中引申出"君君臣臣"，由亲疏长幼引申出尊卑贵贱，这样也就建立起了整个社会的伦常与政治秩序。所以"孝敬"与"效忠"在某种程度上是一致的。

孔子首先提出"夫孝，德之本也，教之所由生也"，指出孝道是道德的根本，一切教化皆源于孝道。孝的主要内涵，始于父母，次于君国，再次于左右邻里朋友，方能立于天地之间。故又云"夫孝，天之经也，地之义也，民之行也"。经即织锦的经线，无经则不能织。义者，宜也，道也，无道则不能行，民则无所适从。《论语·学而》提到"其为人也孝悌，而好犯上者鲜矣，不好犯上而好作乱者未之有也。君子务本，本立而道生，孝悌也者其为人之本舆"。孝，虽是对父母而言，但也可以延伸为上下关系，变为一个忠字；悌，虽是对兄弟而言，但也可以延至为左右邻里，变为一个信字。人皆父母所生，父母之恩重如泰山；兄弟乃一母同胞，情同手足。一个人若对父母不孝，对兄弟不悌，世人会认为他不可交，他将变成孤立无援的人。所以说孝为人之根本，根本坏，枝叶岂能久存乎！

"家国一体"的稳定结构，形成了中国独特的社会结构，这种层层相通、绝对忠诚、绝对服从的形式，从某种程度上讲维系了国家的政治稳定，使中国形成以皇帝为中心的"庞大的家族体系"，使中国的帝制得以维持数千年而不致解体。[40]

将"孝"思想作为一种政治手段，纳入到集权政治中，则是在汉代发生的。汉代是中国帝制社会政治、经济、文化全面定型的时期，也是孝道发展历程中极为重要的一个阶段，秦时的一些理想的传说性的东西在这个时代变成了实在性的、制度性的东西，以孝为核心的社会统治秩序建立了，孝作为治国安民的主要精神基础和手段，渗透到汉代社会政治生活的各个方面。曾子曰："居处不庄，非孝也；事君不忠，非孝也；莅官不敬，非孝也；朋友不信，非孝也；战陈无勇，非孝也。"（《礼记·祭义》）用时下的话说："居处不庄重，不能叫做孝；事君不忠诚，不能叫做孝；居官不谨慎，不能叫做孝；交友无信用，不能叫做孝；征战不勇敢，不能叫做孝。"从这些话中可以看出，不同的社会实践活动都跟孝挂上了钩，人只有在任何社会活动中都做到了恭敬谨慎才能是孝。"以孝治天下"的孝治思想也逐渐走向理论化、系统化，《孝经》《礼记》以及"三纲"学说集中体现了孝治理论的风貌。孝道由家庭伦理扩展为社会伦理、政治伦理，孝与忠相辅相成，成为社会思想道德体系的核心，"孝治天下"也成为贯穿于两千年帝制社会的治国纲领。

在已佚的《商书》中，不孝是被列为所有罪行中的最重之罪去惩治的，如果一个人犯法，但是他的父母年迈又没有其他人可以照顾，还会相应地减轻刑罚。而从正面来看，汉以后选拔官吏时，通常都有"孝廉"一科，孝行端正可以直接获官受职。作为中国职官制度的一大特色，它鲜明地突出了"孝"在社会国家政治伦理生活中的特殊地位。

在元后的岁月里，几乎所有君主都具有借助孝文化拥政的意识，孝文化中的血缘、姻缘、地缘、业缘、情缘等，是封建君主建立政权的精神支撑和形象工程。新兴君主都希望从历史中觅到最受认同的孝文化形象，甚至不惜"借号"，如沙陀人李存勖借"唐"国号史称"后唐"，刘知远借"汉"国号史称"后汉"等。

在中国近代的政治斗争中，孝文化也一直是斗争的焦点，激进派和保守派各自在打破和维系孝文化观念中走向胜利与失落：严复的《论世变之亟》一文比较"中学"与"西学"之别时指出，"中学"的最大问题是最重"三纲"（君为臣纲，父为子纲，夫为妻纲）和"亲亲"（任人唯亲）"尊亲"（尊君）二"亲"。洪秀全自称"天父"，称属下是"天父子女"，都是兄弟姐妹，他以孝文化为武器使"太平天国"运动有了极大的号召力。康有为在巨著《大同书》中认为，要进入"大同"需去掉产生种种痛苦的"九界"，其中之一就是与孝文化有关的"家界"（家庭）。梁启超认为《大同书》的要旨就是要"毁灭家族"。孙中山依靠帮会支持，以及"兴中会"驱除鞑虏、恢复中华的口号，也明显带有孝文化色彩。

孝文化深深地影响着中国的军事制度、军阀割据、军队的战斗力以及农民起义等诸多方面。在军事制度上，战国时实行军事连坐，借惩治亲人与同僚威慑士兵，以连保连坐保证军纪，惩办犯了军纪的士兵的家庭以保证上阵齐心和军心稳定。东汉在兵役制度上的主要特点，就是出现了无限期的职业兵，兵籍可以传代或转让，多数士兵"父死子继""亲族相承，视为同业"。这些士兵害怕会牵连家人，一般不敢违背军纪。清末的"团练"大多是乡里、亲故和同宗，其中奥妙正如其代表人物曾国藩所言："平时既有恩谊相孚，临阵自能相顾。"

中国封建社会地主豪绅多有自己的独立武装，其共有特点是直接听命于首领，一旦首领有失，便树倒猢狲散。如三国时的孙、曹、刘，靠的是血缘和地缘；袁世凯及北洋军阀靠的是业缘；南宋岳飞率领的"岳家军"和明代戚继光的"戚家军"对维护中国古代文明和领土起到了积极作用；毛泽东能提出"党指挥枪"理论，也与他深悉孝文化给中国军队带来的各自为政的痼疾有关。

抗日战争时期，在孝文化引导下，人们的时代意识、社会意识逐渐增强，许多人站在时代前列，以天下和社会为己任，为民族尽其大孝。比如，国共两党都曾以儒家忠孝道德作为动员、团结民众抗击日本帝国主义侵略的精神力量和思想武器。1939年3月12日，国防最高委员会在颁布的《国民精神总动员纲领及实施办法》中指出："唯忠与孝，是中华民族立国之本，五千年来先民所遗留于后代子孙之宝，当今国家危机之时，全国同胞务必竭忠尽孝，对国家尽其至忠，对民族行其大孝。"1939年4月26日，中国共产党的《为开展国民精神总动员告全党同志书》指出："一个真正的孝子贤孙，必然是对国家民族尽忠尽责的人，这里唯一的标准，是忠于大多数与孝于大多数，而不是反忠于少数和孝于少数。违背了大多数人的利益就不是真正的忠孝，而是忠孝的叛逆。"在这里，孝成为民族团结、兴旺的精神基础，成为中华民族凝聚力的核心。

第三节 古孝文化对家庭及个人的影响

中华传统文化中，孝集道德观、人生观、宇宙观为一体，被视为诸德之本、百行之首、教化之源；其强调人的社会责任和历史使命，注重气节、品德，凸显人性的庄严，对塑造中华民族的性格起到了积极作用。在儒家思想体系中，"孝"处于根本地位，其他道德规范都围绕"孝"而展开。在实践中，儒家也要求其他道德规范应从"孝"出发，为"孝"服务。所以，古孝文化是传统家庭教育的核心规范，由此而生的具有中国特色的孝悌精神，无疑对家庭和谐及个人安身立命产生了极深的影响。

孝，指回报父母的爱；悌，指兄弟姐妹和朋友之间的友爱。孔子认为做人做事的根本就是孝悌。孝悌不是文本，是培养人性光辉的爱。《诗·小雅·蓼》就要求人们切记父母生养哺育自己的艰难。孔子曰："其为人也孝悌，而好犯上者，鲜矣；不好犯上而好作乱者，未之有也。"[41]《礼记》的第一句话是"毋不敬"，这是礼的总纲。就是说，只要是人类，都会有礼貌，知道尊敬他人，不同之处只有细心和粗心而已。《礼记》中的"毋不敬"也有先后轻重区别。父母既亲又尊，要先之又先，必须孝敬；兄长同胞，先我而生，必尽悌道。然后再推及对一切全加礼敬，这种自然情愫的积淀和升华正是"亲亲"的核心。

基于自然性的血缘情感关系，"孝"观念无疑是家庭制度的主要支持点和基本中轴线，并在不断地被有意识地强化的过程中成为一种深远的历史传统。这种只由自然性的血缘关系而生发的原始情感作为一种独立、深厚而无可替代与解除的原生性关系，在两千多年中逐渐构成了传统中国的文化认同、民族记忆与社会心理的主体，成为中国礼乐文化奠立与运动的潜隐机制与内在逻辑。

《孝经》是儒家经典著作之一，被历代统治者奉为治国的"至德要道"。它的问世，标志着我国完备的孝文化已形成。孔子曰："身体发肤，受之父母，不敢毁伤，孝之始也。"人的生命源自父母，因此对于父母赋予的身体、四肢、毛发、皮肤都要特别地爱护，不能损坏伤残，这是孝的开始，是基本的孝行。《孝经》认为孝本源于原始的亲亲之爱，"父母生之，续莫大焉。""父子之道，天性也。"视"孝道"为天经地义的事情。"夫孝，天之经，地之义，民之行也。"人人皆父母所生，个个皆尊长所养，知恩图报，寸草春晖，凡有血气，莫不如此。就立身修身而言，一是要全身，即保全和爱护自身的身体，这也被认为是对父母的孝，甚至被认为是最基本的孝和孝的起点。身体之可贵，不仅因为它与生命和生活的直接关系，更因为它乃是父母之"遗体"，是父母生命的延续。所以曾子说："身也者，父母之遗体也，行父母之遗体，敢不敬乎?"二是要完善人格。儒家以成就仁人君子和立德为最高人生理想，完善自身人格是儒者的重要责任与义务。而孝正是"德之本也，教之所由生也"，是培养众善的"始德"，故修身须自行孝开始，而行孝的最终目标也是指向人格和道德的完善。不能行孝者，当然不能成为仁人君子，甚至不能成为人。三是要成就事功。孝子要继志述事、扬名显亲，故必须积极入世、建功立业。

因此说孝是一切道德的根本，一切教育的出发点。"爱亲者不敢恶于人，敬亲者不敢慢于人，爱敬尽于事亲而德教加于百姓，刑于四海，盖天子之孝。"在孔子的倡导下，孝敬父母成为一种社会风尚和无形的社会契约，上自帝王将相，下至村野匹夫，都必须躬守亲行。因此，自汉代以后，《孝经》成为少年儿童的启蒙教材，为世人代代传颂。它所宣传的孝道理念也随着时间的推移，深入炎黄子孙的骨血，成为华夏民族代代相传的传统美德。

那么，孝文化在家庭道德建设中有哪些现代价值呢? 不少学者认为至少有以下三个方面：

一、孝可以使家庭形成一种和谐温馨的氛围，助推社会稳定

当今中国的家庭同世界上大多数国家一样多是核心家庭。这种家庭人伦关系主要含有夫妻、父母与子女、兄弟姐妹这样三种关系。要在这三种关系中创造和睦的家庭氛围，同时又体现个体的独立价值，每个家庭成员之间必须讲亲亲之情。具体来说，夫妻之间要互敬，平等相待、相敬如宾。

夫妻是志同道合的创业者，又是亲密无间的生活伴侣，在家庭地位、权利与义务等方面是平等的，彼此应珍惜爱情、忠贞不渝，相互尊重对方的人格和尊严，支持对方的工作、学习和社会活动。当夫妻之间产生矛盾时，应多一点宽容和理解，善于做自我批评，赤诚相见、互谅互让、和睦为贵。父母于子女应做到慈孝。慈，是指父母对子女的仁慈、厚爱的情感与态度。这不但要求父母以无私的爱心养育儿女，而且要求父母以认真负责的态度教导儿女成为一个善良的人，一个有益于人民、有益于社会、有益于国家的人。对于子女的孝，首先是在精神上要求子女对父母应由衷地尊敬和爱戴，使父母能得到情感上的慰藉。其次，在物质上应尽力使父母衣食不愁，当父母年老体弱或丧失劳动、生活能力时，儿女更应尽孝敬之心，体贴、敬重他们，以实际行动报答父母的养育之恩。兄弟姐妹之间应当友爱。兄弟姐妹亲如手足，在家庭生活中，彼此不但地位、人格平等，在权利与义务方面也是平等的，因此应友好相处、相互爱护、共同进步。只有做到互敬、慈孝、友爱，才能建设一个民主、和睦、亲善的家庭。

二、孝可以使家庭成员在讲求孝道的氛围中学会爱

传统的孝道包含爱的成分，但那种爱是上对下的垂爱和下对上的敬爱，是一种不平等的爱。在这种不平等的爱中，一个人很难学会爱别人，尤其是以平等的态度爱别人。我们现在所提倡的孝道是新时代的孝道，即以双向对应为属性特征的孝道。它要求人们以平等的心态爱别人，在家庭中也是这样。父母爱子女，必须尊重子女的人格和尊严，尊重子女的需要和爱恶，而不能因为爱而包办甚至强制。不管子女是否接受，只要自己能表达爱的感情就去做，这其实是一种极端自私的感情。我们今天要大力倡导的新孝道，是一种纯粹的感情关系，它趋向于爱的双方的平等交流。在这一境界中，父母承认子女独立自主、自尊的人格，子女也了解父母整体的心境而给予父母精神上的依傍。这样，因这种爱而产生的责任就不再是无条件的、不平等的，而是有条件的、平等的。这个条件就是父母对子女尽了生养、爱护、教育的责任，父母的品行是值得尊重的。如果父母的行为满足了这样的条件，自然会得到子女的爱戴和尊敬。在这种条件的基础上建

立起来的感情是报恩与友爱的整合，其本质是友爱，而不是古孝道所提出的子女对父母的孝就是无尽的补偿和牺牲。众所周知，友爱的一个重要因素是友爱双方看重友爱本身的价值而无他求。因此，可以想见，子女对父母的报恩不仅是物质的，也是精神的、发自内心的。而这些是父母能希望的，但又不是父母能要求的。

三、孝可以培养合作精神

合作是现代社会最需要的精神。所谓合作精神，就是以平等的心态与别人配合，共同对某项任务负责并为完成该任务做出自己的努力的精神。心理学表明，一个人的性格和能力的形成与其家庭的成长环境是密切相关的。由于实施计划生育，一对夫妻只有一个孩子在中国已是普遍现象，这使得孩子成了家庭关注的中心，父母对孩子的成长和未来负责，而孩子却不需要对谁负责。这种缺乏对责任意识的培养氛围，使这个独享父母之爱的孩子缺乏合作精神的现象已屡见不鲜。尤为重要的是，这样不健全的教育极易在孩子的性格中种下自私、偏执、霸道的种子，而使之成为一个没有孝心的人。在现实生活中，由于过分溺爱而使子女一无所成、忤逆父母至危害社会的现象并不鲜见，其中缺乏合作精神正是这些人在成长过程中暴露出来的大问题。新的孝道提倡父母以民主、平等的心态对待子女，要求父母不要溺爱子女，尊重子女应该包括尊重子女健康成长的权利，而溺爱其实是对这种权利的无言剥夺。父母要培养子女独立自主的生活能力和能主动交流、善于沟通的亲和能力。这些能力是一个人合作精神的内核，而这正是在父母与子女平等的相待中，潜滋暗长于子女的思想意识里的。[42]

为了使国人自觉地履行孝道，儒家对不同等级的人也提出了不同的行孝准则。曾子曰："不孝有五，故居处不庄，非孝也；事君不忠，非孝也；莅不敬，非孝也；朋友不信，非孝也；战阵无勇，非孝也。""孝有大孝不匮，中孝用劳，小孝用力。"就是说，对于富有四海的天子，要做到"爱敬于亲，而德教加于百姓，刑(型，示范)于四海"。即对父母要做到爱敬，对民实行德治，用榜样的作用来教育人感化人。对于诸侯则要求其"在上不骄""制节慎度"，以便"富贵不离其身，保其社稷，和其民人"。对于卿大夫，则要求其循规蹈矩，"非先王之法服不敢服，非先王之法言不敢言，非先王之德行不敢行"，做到"言满天下无口过，行满天下无怨恶"。对于士人，则要求其将孝心化为忠顺，"以孝事君则忠，以敬事长则顺。忠顺不失，以事其上。"对于庶人，则要求其"勤身节用，以养父母"。每一个人，由于社会地位和所处位置的不同，其在行孝时的责任和要求也是不一样的。但是，对于父母的养和敬却是相同的，也是一贯的。

在传统家庭伦理中，对于个人内在素养的培育，集中在赡养父母、尊重老人上。如何敬老爱老？古孝文化要求：既要满足老人物质生活的需要，更要重视老人精神上的需求。子游问孝。子曰："今之孝者，是谓能养，至于犬马，皆能有养，不敬，何以别乎？"孔子认为不仅要用物质来奉养父母，而且还要尊重父母，使老人在晚年生活中不仅在物质上有保障，而且在精神上也得到满足。另一方面，要拥有博爱的胸怀。在这点上，荀子的"教以孝，所以敬天下为人父者也；教以悌，所以敬天下为人兄者也；教以忠，所以敬天下为人君者也"契合了孟子"老吾老，以及人之老；幼吾幼，以及人之幼"的思想。中国行政管理学会的副秘书长张学栋认为，孝乃中华民族亲脉、宗脉和文脉生生不息传承之精髓。在民间，宗脉的传承依靠亲情，而亲情常常体现在孝敬长辈、尊老爱幼的家风和民风之中。"我们曾经幼，我们必将老。如果能够把尊老爱幼的中华美德世世代代传承好，那么，我们的后辈就会尊重我们，我们的父母长辈也会得到更好的尊重。"也就是说，关爱今天的老年人，也就是关爱明天的自己。

综上所述，"报本反始"的观念，所表达的是一种受恩思报、得功思源的感恩戴德之情。《礼记·郊特牲》中记载："唯社，丘乘共粢盛，所以报本反始也。"这句话至少包含了以下两层意思：第一，在中华先民的观念中，谷物是土地所赐予的，谷物的生长与丰收，体现了土地对于人类的恩德；第二，与此相关联，在祭祀土地的时候，人们之所以把谷物盛在祭器内以让都城周边的井田"共享"，正是要将谷物得以生长的功德归之于土地并示报答其恩惠之意。同样，在先民的观念中，子女的生命也是父母所给予的，亦体现了父母的恩德，因而同样应当以"报本反始"的态度去对待父母。由此，"善事父母"就成为"孝"德的题中应有之义。由于父母的生命又源自于先祖，因而，"慎终追远"（《论语·学而》）的结果自然是要将祭祀先祖包括在"孝"的要求之中。正如孔颖达在《五经正义》中所指出的，"凡祭祀之礼，本为感践霜露思亲，而宜设祭以存亲耳，非为就亲祈福报也。"（孔颖达《礼记正义·礼器》）由此可见，祭祀祖先与善事父母虽然在行为的具体内容上并不完全相同，但由于它们都秉承了同样的"报本反始"的精神，因而就都可以看做是体现孝德的孝行。

在一定程度上，祭祀祖先、善事父母，并进而"慎终追远"乃至"继志述事"，堪称是在个体生命本位的意义上较为彻底地体现了自我生命的根源意识，因而它们构成了作为道德伦常规范的"孝"的主体内容。但这些却并非"孝"的全部内涵。人是物质与精神的综合体，人的生命也包括了肉体生命与精神生命两个层面。而人之精神生命的成长，又与在社会氛围中接受人类精神外化成就的熏陶与濡染密不可分。在这一意义上，人的生命存在又可以看作是文化性的存在、社会性的存在。因此，"报本反始"之"本"与"始"如果仅仅停留在个体生命之"祖"上，对于人的整体生命存在而言，就是于义有缺；只有涵括了"社会"或"文化"层面，才能更充分地体现人之精神生命的本质。不仅如此，作为有着强烈的超越祈向的存在者，人不仅会追问"我"是从哪里来的，而且同样会追问"我们"是从哪里来的。

中国文化传统把天地视为人的生命之本。早在《诗经》中就已经有了"天生烝民，有物有则"（《诗·大雅·烝民》）的观念。《礼记·哀公问》也指出，"天地不合，万物不生；大婚，万世之嗣也。"《易传》更明确指出："有天地然后有万物，有万物然后有男女，有男女然后有夫妇，有夫妇然后有父子，有父子然后有君臣，有君臣然后有上下，有上下然后礼义有所错。"（《序卦传》）这显然是把天地看作包括人类在内的万事万物得以产生并得到养育的终极根据。

"孝"正是在感恩报德之中将生命的终极"本""始"指向了天地。在谈到郊祭即对于天地的祭祀时，《礼记》指出："万物本乎天，人本乎祖，此所以配上帝也。郊之祭也，大报本反始也。"（《礼记·郊特牲》）也就是说，正是由于天地是万物存在的根源，祖先是个人生命存在的根源，所以祭天地时以祖先配享。而对于天地的祭祀，正体现了对"报本反始"的尊崇。正像人们应当对生命所出的祖先尽孝一样，对于作为包括人类之生命在内的万事万物终极根源的天地，也理当抱持崇德报恩的感激之情，从而也为天地"尽孝"。

由此，建立在"报本反始"基础上的"孝"就事实上指向了三个具体的向度：作为个体生命之本的祖先、作为社会生命或文化生命之本的圣贤与作为族类生命之本的天地。正是对三者尽孝的统一而非其中的某一方面，构成了中国文化传统中"孝"的完整内容，从而全面地影响了传统中国人的存在形态。正如《大戴礼记》在谈到与"孝"具有紧密联系的"礼"时所指出的："礼有三本：天地者，性之本（引者按：即生之本）也；先祖者，类之本也；君师者，治之本也。无天地焉生？无先祖焉出？无君师焉治？三者偏亡，无安之人。故礼，上事天，下事地，宗事先祖，而隆君师，是礼之三本也。"[43]（《大戴礼记·礼三本》）这里不仅指出了天地、先祖与君师（圣贤）是礼之"三本"，而且强调，"三本"如果缺少了某一方面，就不足以安顿民人。因此，只有抱持"报本反始"的情怀，既尽到善事父母、祭祀先祖、继志述事等家族义务，又践行仁义，履行好自我的社会责任，并通过"赞天地之化育"的方式达至"与天地参"之境，才堪称是完整而无"偏亡"的"孝德"与"孝行"。

对人之所以为人、人生之终极价值与意义等人生之根本问题的关切，又总是与人的生死问题关联在一起。人的死乃人生之大限。作为一个孤立的生命体而言，死不仅意味着生命的消失，同时也划定了人生之价值与意义的极限。但人的超越本性，决定了他必定不会甘心于让生命的意义完全为自我的生命存在所框限。因此，当人对自己的生命有了明确的自我意识，对"我"与"非我"有了明确的区分之后，他不可能不进而深切关注"死"的问题，并由此触发对于人生意义的进一步思考，以图透过有限的生命存在追寻到无限的生命意义。

在儒家看来，安身立命之道或曰终极关怀有三个向度：

一、通过道德人文精神的向上贯通而达到"与天合德"的理想境界人之所以不同于一般动物，在于人具有德性生命精神，而天地作为人类生命之本，也正以其"生生"（即不断创发新的生机与活力）之"大德"，体现最高程度的德性生命精神。人生的基本使命就在于与他人、与社会乃至天地宇宙的互动关系，既成就一个具有内在仁德的自我，亦通过"赞天地之化育"而成就一个大化流行的德性精神所充满的世界。人的生命虽然是有限的，但在追寻生命意义的过程中，只要能使自我的德性生命精神与生生不息的天地精神相贯通，就可以超越有限而融入无限，从而获得安身立命的依归。

二、通过个体生命与群体生命的关联，以使自我融入社会的方式来让生命获得恒久的价值与意义

中国文化对于生命的安顿涵括了"个体生命"与"群体生命"两种形态。由于个体生命总是无法突破生命的自然限制，无法超越具体的时间与空间而获得恒久的存在，而由一代又一代人所组成的以群体生命的形态存在的"社会"，却在生命的不断绵延中体现出了永恒相续性，因而将有限的"小我"的个体生命融入到具有无限绵延之可能性的"大我"的群体生命中，就构成了中国文化传统中解决人之终极关怀、安顿人之生命意义的一种重要的方式。在这一过程中，当自我生命所成就的德业已经足以使自我融入历史，足以使自我的生命精神与民族的生命精神之流相贯通时，就可以使个体生命在与群体生命的"慧命相承"的关联中跨越短暂而楔入永恒，从而获得安身立命的依归。有鉴于此，中国文化传统突显了"立德、立功、立言"对于人之生命存在的重要意义。在"三不朽"中，中国文化事实上更为注重的是"立德"，即以自己的躬行践履为他人和社会树立道德的榜样和为他人和社会留下足以"载道"之言。至于建立事功，则在根本意义上被视为道德实践的自然结果，而非某种独立的追求。正是由于这种倾向，中国的传统价值取向把家庭放在至关重要的地位，莘莘学子企望通过"修身齐家"而"治国平天下"。在这样的意义上，"读书做官"的价值取向也获得了内在的支持。[44]

三、充分感受到自我生命之永恒的价值与意义

儒家主张在"天地与我并生，而万物与我为一"和"赞天地之化育""与天地参"的生命情怀中，充分感受到自我生命之永恒的价值与意义。相对于把人生终极价值与意义最终托付给上帝的基督教而言，儒家终极关怀的一个最基本特色，恰恰就在于充分肯定人在归根结底的意义上能够"自我做主"，通过不断地道德修养与内在人格世界的开拓，达到立足于现实世界就能获得安身立命的依归。

第六章　孝文化的当代价值意义

孝文化是中国传统伦理型文化的基础和核心，堪称传统文化的"标本"，凝结了我们民族的先祖对亲子关系及其规律的探索，在历史上起过积极作用。在社会变革的今天，研究传统孝文化仍具有很重要的理论意义和现实意义。

第一节　孝文化的当代境遇

从19世纪末始，孝文化开始受到质疑，而20世纪则堪称传统孝文化衰落的世纪。20世纪80年代以来，孝文化研究虽然有所复苏，但由于我国经济社会转型和西方强势文化的影响，孝文化仍呈"式微"之势，在社会道德建设领域和人们的日常实践中均显示出淡化、退场的趋势：

一、孝文化被不断边缘化

近现代以来，由于孝文化精粗互见，也由于较长时间内对其历史价值缺乏公允客观的认识，孝文化被排除于主流意识形态和主流文化之外，甚至长期成为被批判、打压的对象。在当代一些人的意识中，孝文化形成、发展于奴隶制和封建时代，承载很多封建的、落后的元素，属于小农经济时代的文化，与社会主义市场经济和民主政治完全不适应，不可能登上社会主义文化的大雅之堂。20世纪80年代后，这种状况有了一定的改观。我国宪法规定"成年子女有赡养扶助父母的义务""禁止虐待老人"，但没有明确规定子女有"孝敬父母"的义务。"赡养扶助"从物质帮助上着眼，与孝道的最低要求"孝养"尚有差距，至于"禁止虐待"则离孝的要求距离更远。20世纪90年代颁布实施的《老年人权益保护法》规定"赡养人应当履行对老年人经济上供养、生活上照料和精神上慰藉的义务，照顾老年人的特殊需要""赡养人对患病的老年人应当提供医疗费用和护理""赡养人应当妥善安排老年人的住房，不得强迫老年人迁居条件低劣的房屋"，在对孝道的继承上虽有一定进步，把赡养的内容由单纯的物质上的扶养扩大到了"生活照料"和"精神慰藉"，但也没有明确提出"孝敬"的要求。中共中央《关于加强社会主义精神文明建设若干重要问题的决议》提出了"大力倡导尊老爱幼、男女平等、夫妻和睦、勤俭持家、邻里团结的家庭美德"，但也没有从亲子关系的角度提出"孝敬父母"的规范。在对中小学生的思想道德教育方面，直到20世纪90年代，经过反复讨论，我国才第一次在学生日常行为规范中写进了"孝敬父母"的内容，并于2004年修订《中小学生守则》时增加了这一条。但无论是思想政治教材，还是附载较多德育功能的历史、语文等学科，都很少有关于孝敬父母和的要求和内容。可以说，从整个20世纪到21世纪初，孝文化总体上是沿着不断边缘化的轨迹变迁的，其相应的社会功能也不断弱化。

二、孝意识趋向淡化

家庭是孝意识的客观载体，在当代社会，家庭仍然存在并仍然是社会的细胞，亲子关系仍然是一种重要的家庭成员关系，且是一种人类无法选择也不能人为解除的关系，所以孝意识赖以存在的基本客观条件在当代社会也仍然存在。而且，由于我国具有几千年的孝文化传统，这种传统已经积淀为一种社会心理，成为国民的一种文化心理结构和"集体无意识"，因而人们的孝的心理和意识并没有泯灭。但一个时期以来，社会不重视对孝文化的正面宣传，学校也忽视孝教育，同时实行计划生育政策使得独生子女在家庭中的地位上升，很多独生子女成为家中的"小皇帝"，家庭孝教育严重缺位。于是，一代一代的青少年习惯于饭来张口、衣来伸手，缺乏感恩之心和回报意识，更不知孝为何物。同时，由于外来文化的影响，人们的主体意识、自我意识、经济意识不断增强，商品拜物教使家庭成员之间的温情有被冲淡的危险。当代子女与父母分居已成为普遍现象，分居的子女感情上与父母比较疏远，成年子女一年里看望不了父母几回，不愿与父母进行心灵沟通。科技的飞速进步使传统生产方式中的"老把式"失去了权威地位，父母很难再成为年轻人崇拜的偶像，老年人信奉的那一套被年轻人所鄙弃，代沟在拉大加深。生活节奏加快，社会竞争加剧，社会流动性增强，也影响了人们的孝意识。聚族而居、累世同居都不再可能，冬温夏清、昏定晨省也往往不再现实。中年人传承的孝意识比较多，但中年是实现人生价值和目标的黄金阶段，多数中年人是工作岗位上的中坚力量，他们上有老、下有小，家庭和事业的两副重担，使他们也愈来愈感到"奉陪不起"。因此，孝意识的淡化不仅仅是一个道德问题，也是一个综合性的社会问题。

三、孝实践趋向弱化

据媒体报道，从2005年11月初至12月底，黑龙江省人大代表翟玉和出资10万元，组织3个调查组，历时50天，踏访31个省(自治区、直辖市)，行程5万多公里。通过对调查表的汇总，10401名调查对象中与儿女分居的比例是45.3%;三餐不保的占5%;93%的老人一年添不上一件新衣；69%的无替换衣服；小病吃不起药的占67%；大病住不起医院的高达86%；人均年收入(含粮、菜)650元；85%的老人自己干种养业的农活，97%的老人自己做家务;将对父母如同对儿女的视为孝的老人占18%，将对父母视同路人不管不问的视为不孝的占30%；精神状态好的老人占8%；22%的老人以看电视或聊天为唯一的精神文化生活。与之相对应的是,他们儿女的生活水平要高出父母几倍乃至更多。很多子女认为：父母没冻着，没饿着，就是自己尽孝的最高标准了。调查还发现，52%的儿女对父母"感情麻木"，有的人虽然与父母住在一起，但一年也说不上几句话。调查人员在农村看到的普遍情况是吃得最差的是老人，穿得最破的是老人，小、矮、偏、旧房里住的是老人，在地里干活、照看孙辈的也多是老人。这些老人不是村里的"五保户"，也不是民政救济对象，只是因为儿女不尽孝，他们才成了"三不管"，其生活境况甚至不如那些无儿无女的老人。[45]这项调查表明，在孝文化根基十分深厚的农村社会，孝文化正在迅速退场，并引发一系列家庭和社会问题。城市的情况也并不乐观，据外电报道："根据北京市中级人民法院提供的数据,北京在2006年有2000名父母状告子女不肯赡养老人,因为70%的老人在经济上要靠儿女,只有17%的老人经济上能够自立。"[46]情况确实如此,在城市里,不少国企破产、改制,很多中老年职工下岗或被一次性"打发",他们现在或将来的养老问题也交给了家庭和社会,在城市里人们的孝意识并不比农村浓厚,总之,由于人们的孝意识趋向淡化和模糊,孝的义务感和伦理约束力不断下降,因此,当代社会呈现出一种较为普遍的"孝道式微现象":人们的孝道意识越来越淡薄,对老人的情感越来越冷漠,遗弃老人、虐待老人、干涉老人婚姻、争夺老人财产等行为屡见不鲜,这应引起有良知的人们的高度重视。[47]

第二节　孝文化的当代价值

两千多年来,以儒家孝文化为主导的伦理规范、道德文化构成的传统文化,深刻地影响着中国人的道德品质和人格的形成,影响着中国人生产和生活的方方面面,"已无孔不入地渗透在广大国人的观念、习俗、信仰、思维方式、情感状态之中,自觉或不自觉地成为人们处理各种事务、关系和生活的指导原则和基本方针,亦构成了这个民族的某种共同的心理状态和性格特征,这已是一种历史的和现实的存在"。[48]目前,面对时代、国情的深刻变化和多元文化竞争的严峻挑战,弘扬孝文化更已成为当下所需、当务之急。

孝老敬老是中华民族的优良美德,是我们民族生生不息的精神基因。2014年春节来临之际,为践行社会主义核心价值观,大力弘扬孝道美德、培育孝老敬老社会风尚,中国文明网邀请当代孝子、伦理学者、知名博主等与网友互动交流,畅谈"孝道在当代中国"。湖北工程学院党委书记、湖北中华孝文化研究中心主任肖波提出"孝文化"的当代价值主要有以下几个方面:

一、"银发中国"需要孝文化

我国现在已步入"老龄化国家"之列,老龄人口基数大,增速快,困难老人数量多,"未富先老""空巢老人"等现象十分普遍。"何处安放我们的暮年"是我们每个人无法回避的挑战。对于建构养老保障这样一个社会系统工程，我们固然要大力发展经济，但与此同时，也必须弘扬孝道、文化养老，发挥孝文化应对老龄化的重要作用。从理论层面上说：中国未来的养老制度体系建设应充分重视孝文化的导向作用，建立一种以孝文化为依托，符合中国国民心理需求，满足老年人物质生活、照顾护理、精神慰藉多方面需求的全面养老保障制度体系。从实践层面上说，父母与子女间的代际伦理仍是现阶段我国社会主要的伦理关系，养老、敬老仍是基本的家庭美德，家庭尤其农村家庭承担了绝大多数老年人的养老问题，而且在较短的时间里，指望"未富先老"的国家完全代行养老之责并不现实。因此，在政府不断强化社会保障功能的同时，弘扬发展以孝为核心的家庭养老文化，仍然是基本和现实的选择。回溯历史，在孝风濡染下，代代老人生活在大家庭中，几世同堂，子孝孙贤，共享天伦，成为一种为东西方广泛称颂的"东方文明"；展望未来，孝道与家庭养老会得到国际社会的高度认同，孔子提倡的"敬老、尊老"的孝文化理念会被看作是应对人口老龄化社会的当然选择，2002年的马德里"老龄问题国际行动计划"就已特别把"提倡子女赡养父母"纳入向各国政府的建议之中。由此说明，应对"银发浪潮"，实现老年人的生存和生活价值，孝道能成为重要的道德保障。

二、"少年中国"需要孝文化

中国传统的孝道教育在历史上获得了巨大的成功，皇家的敕命、官方的条律、书院的诠释和坊间的劝谕一起成功地将孝塑造成了中国人安身立命的信条，黎民百姓以礼法约束和仁义自觉为表里，形成了自身几千年的价值观念、思维方式乃至行为习惯。但当下，随着社会的急剧转型，传统的道德价值体系尤其是孝道遭受激烈的冲突与损毁，部分青少年的孝观念处于断裂之中。"夫孝，德之本也，教之所由生"。几千年来，社会对青少年的教育多是从孝为切入点，发蒙开篇便是"第一当知孝，原为百善先"。这种建立在儒家孝道教育思想之上的中国传统教育，是建构当代社会时代精神的重要文化资源。因此，对于孝，我们应汲取其合理成分，并赋予其新的时代内涵，这对于"少年之中国"，无疑是有积极而重要的意义的：一是要以孝文化"事亲、尊亲",培养青少年尊亲敬老的意识。天地为人之始,父母为人之本,人从感恩、亲情、孝顺依次生发,形成德性和教养,这是"物之根本,事之初始,人伦之核心"。二是要以孝道"全身",引导青少年珍惜生命、健康向上。孝文化将保全身体视为践行孝道的基础,认为爱惜生命、珍惜名誉不仅仅是个人的私事,这对教育当下青少年摈弃狭隘、自私、唯我独尊的不良心理,履行对父母、家庭和社会的责任与义务,是很有必要的。三是要以孝文化的"承志",培养青少年的责任感。孝文化所要求的对父母的孝心,实际上就是对父母要有责任感,感恩图报即为有责任心。四是要以孝文化的"立身",培养青少年自强不息的品质。儒家孝文化的所谓"承志、立身",实际上就是要求子女要继承先祖遗志、刚健有为、自强不息。我们当代的中国青少年,也应该在善事父母、继志述事的基础上,竭尽全力,入世"公忠",建功立业,践行责任。这也与不久前习近平总书记对青年学生所提出的"知行合一、经世致用、坚定志向、自强不息"的要求完全一致。

"邻里中国"需要孝文化。所谓的"邻里中国",指家庭关系之外的各种社会关系。这在孝文化中同样可以找寻答案。孝,博爱之始。孝建立在爱的基础之上,亲亲而博爱。孝文化从"事亲尊亲"推衍开来,能培养人们博爱的人性。孔子讲:"孝悌也者,其为人之本与。"孟子进而说:"老吾老以及人之老,幼吾幼以及人之幼。"《礼记·礼运》有更精辟记述:"故人不独亲其亲,不独子其子,使老有所终,壮有所用,幼有所长,鳏寡孤独废疾者,皆有所养。"明确提出了人们不但要敬爱自己的父母兄长,而要用同样的感情去对待他人和社会。孝延伸为孝悌,继而又从亲戚血缘关系扩展到邻里乃至社会。具体说到邻里关系,和谐邻里是和谐社会的基石。现代的城市越来越拥挤,但人们心与心的距离却越来越远,邻里冷漠已成为当下的社会病,对此我们需要以孝文化的和谐理念为指导,更多地在生活中交流互动,在工作中互帮互助,给社会生活中增加亲切感,为人际关系增加温度,营造和谐信任、守望相助的"邻里中国"。

"行进中的中国"需要孝文化。一个国家、一个民族,要生存、要发展、要屹立于世界民族之林，就必须依靠本民族在长期探索中形成的独特文化。行进中的中国，必须大力弘扬优秀传统文化的精华，兼容并蓄、继承创新。对于孝文化，首先要客观看待，予以尊重。例如，孝文化主张亲亲、尊祖、敬宗、收族，"收族故宗庙严，宗庙严故重社稷"，这实际讲的是对亲人的眷恋和对祖国人民的热爱。在传统孝文化中，爱祖也是爱国，缘孝亲而爱国。爱国心与孝心紧紧联系在一起，孝心是爱国报国心的根源，爱国主义是孝意识的逻辑产物。其次要批判继承，大胆创新。孝文化既有民主性的精华，也有封建性的糟粕，对于传统孝道所主张的"愚孝""愚忠"和封建迷信，我们当然要以科学理性的态度加以祛除，在此基础上结合现代生活，对其进行现代化的转化。再次要弘扬、培育，与时俱进。在传统的中国社会与文化中，孝道具有根源性、原发性、综合性，是中国传统文化的核心理念与首要文化精神。对于这样一份宝贵的文化遗产，我们须坚持辩证法与唯物论，融入亿万人民建设社会主义的鲜活实践，赋予其体现社会发展方向的时代精神，使其与当代社会相适应、与现代文明相协调，保持民族性，体现时代性，将孝文化这一传统优秀文化推向一个新的高度，为构筑中华民族的精神家园做出新贡献。[49]

华东师范大学法政学院教授、博士生导师余玉花在《论孝文化的现代价值》一文中，除分析了老龄化社会中孝文化的现代价值外，还从经济的视角分析，认为中国孝文化具有促进社会经济发展的功能。例如，在吸引海外华人投资祖国经济建设上，弘扬孝文化很有意义。中华民族的孝文化，具有血浓于水的强大凝聚力，它能够把全世界中华儿女的心连在一起。特别是对海外华人来说，孝是一根敏感的神经。孝文化所蕴含的对祖先的崇拜、对亲人的眷顾、对乡土的依恋等，对人们具有很大的感召力、亲和力，它最能唤起人们的孝亲意识，勾起人们的思乡寻根之情。我们应当充分利用孝道中聚拢人心、整合人力的这一合理因素，通过大力宣传华夏同宗的观念，唤醒寻根问祖的寻亲心理，肯定以乡土为美的审美情趣，将世界华人凝聚在一起，为国家的发展、民族的进步作出贡献。在改革开放过程中，大批华侨从海外带回大量资金和高新科技回祖国投资，这一方面是国内投资环境改善的结果，另一方面可以说是孝文化在国家经济发展中所体现的现代价值。同样，家庭和睦、社会稳定，能为经济发展创造有利的条件。孝是家庭和睦的重要因素，倡导孝的家庭伦理道德是社会安定团结、健康发展的保障。孝是家庭伦理道德中的重要内容，而家庭伦理道德不仅对家庭起到至关重要的作用，而且对整个社会有强烈的辐射功能，家庭伦理道德水平的高低，直接关系到社会的安定和文明程度。家庭是社会的细胞，家庭稳定了，社会、国家的稳定就有了基础，家和万事兴、妻贤夫祸少等格言说的就是这个道理。相反，如果家庭关系不好，夫妻反目、婆媳相嫌、姑嫂斗嘴，必将影响个人的心理健康和工作状态，间接影响经济的发展。甚至孝文化本身都蕴含着一定的文化经济要素：随着生产的发展、生活水平的提高，人们文化消费的水平也提高了。孝文化的特殊文化内涵和文化形式能够适应全社会的文化需求，具有广阔的文化市场，是值得开发的文化经济资源。目前我国一些地区和城市开始围绕孝字做文章，打孝字牌，在开展孝文化研究的基础上，通过运用一些群众喜闻乐见的艺术手段，利用本地区、古代城市流传下来的孝文物，营造孝文化氛围；在旅游业中，增加孝文化含量，把本地区、本城市的孝文化特色充分地表现出来，并以开展孝文化艺术节的形式，为招商引资牵线搭桥，以此吸引海内外孝子和讲孝心的炎黄子孙，从而达到促进当地旅游和开发、繁荣经济、促进现代化建设的目的。[50]

第三节　传承孝文化的现实意义

孝文化作为一种美好的社会道德风尚，自古以来就受到人们的重视，这些道德规范已经成为中华民族传统美德的一部分。我们传承孝文化的目的就是改造客观世界，转化内心世界。由于西方文化的渗透和我们民族文化传承的断档，现代人尤其是青少年产生了利大于义，钱大于祖的唯利意识。因此，认祖归根是我们中华民族目前面临的重要课题。用传统优秀的文化转变人心、净化人文环境，才能彰显中华文化的软实力，这也有着强烈的现实意义：

一、传承孝文化是加强和改进社会主义道德建设的需要

国无德不兴，人无德不立。历史上，孝被认为是"为仁之本"，倡孝是道德教化的基本手段，是维护社会道德风尚的重要力量。首先，孝是个人道德修养的起点。爱与奉献是道德的本质，一切道德都源于对他人的爱与关切。孝的本质是一种爱与敬的感情与行为，是一种克己奉献的精神，故能成为道德之源、成为道德心的根苗。其次，古人充分认识到了孝对于教化的作用。《礼记·祭义》中说："众之本教曰孝。"又说："立爱自亲始，教民睦也；立教自长始，教民顺也。"孔子所努力塑造的"仁里礼表"的文化心理结构，正是建立在孝德、孝道之上，以之为逻辑起点和基石，然后将其由个人私德引向社会公德。再次，"孝"观念是培养道德意识的重要起点。对现代社会道德的讨论与研究，主要看重于公共领域的社会伦理建设。然而，我们也不能忽视这种现代社会伦理观的一个重要预设的非自足性、可质疑性与非人格性，即认为所有人在道德上都是平等的，坚持人们在道德行为选择过程中不仅要表现出同等的道德能力，而且应当平等地对待每一个人的利益。而这恰恰与现实的生活实践和普遍的道德心理存在着一定出入。毫无疑问，忠诚、信任、爱与友谊等道德规范或良善德性都始于与临近的家人或朋友的亲密关系，或者说在这方面表现得更为突出。反过来，也不难想象，一个对家庭和朋友都缺乏基本道德意识的个体，不可能会在陌生场合下或公共领域实施或表现自己的良善德性。所以，在培养基础道德意识与道德情感的社会实体，即学校，日益沦为单纯提供知识与技艺场所的情况下，家庭对个人道德意识与道德情感的培养就显得更加必要。而作为家庭内部普遍存在的原生性关系的血缘情感，"孝"无疑又恰恰是培养基本道德认识与道德情感的自然基础。

二、传承孝文化是构建和谐家庭与和谐社会的需要

这包含两方面的因素：一方面，孝文化是中华民族道德人格塑成的起始点。孝文化很早就有比较成熟的理论形态，那就是孟子的"五伦"说，其至今仍被广泛认同并被尊奉为经典。中国传统文化在从原始社会向文明

社会过渡的过程中，虽然受了众多因素的影响，却仍保持着中国特色，即家庭是基本的社会单元、国家是家庭的放大、人们以血缘的亲疏远近组成了宗族。家庭的伦理道德教育对个人的人格培养有决定性的意义。古代圣贤很早就意识到用孝文化来教化人，他们认为百善孝为先，以孝悌为核心的"亲亲"，是爱人的始点和根本。孔子认为"仁者爱人""樊迟问仁，子曰：爱人"。[51]在传统家庭伦理中，对于个人的内在素养的培育目标除赡养父母、尊重老人外，还有一项就是拥有博爱思想。魏英敏在《新伦理学教程》中提到："家庭都是因爱而结缔、组合，因爱而维系发展。爱是婚姻的母体，是家庭道德的核心。"[52]爱对于我们现代家庭而言是非常重要的，爱将每个人联系在一起，筑造安定温馨的生活环境。古代荀子的观点"教以孝，所以敬天下为人父者也；教以悌，所以敬天下为人兄者也；教以忠，所以敬天下为人君者也"[53]和孟子"老吾老，以及人之老；幼吾幼，以及人之幼"[54]的思想都说明应教育孩子作一个有仁爱之心的人，这种孝是没有任何局限性的。对于今天生活在社会主义社会的我们而言，要更加坚持和发扬尊老爱幼的传统美德，创造良好的风尚，促进社会主义精神文明建设。魏英敏在《新伦理学教程》中谈到："尊老使老人心安而快慰，爱幼使幼儿天真而活泼。尊老爱幼是人类的一种高尚情感。那种只养不尊或只养不爱的行为都是缺乏道德又有悖于家庭伦理的。"[55]要由家庭延伸至整个社会，由爱自己的家人延展到爱天下之家人，对待别人家的老人要如同对待自家老人一般的孝敬。直至今天，我们的家长在对孩子们的教育上仍然本着"孝"为先的思想。

另一方面，孝文化教育是维持家庭和睦幸福的重要纽带。我们每个人都拥有追求家庭和睦的基本生活目标，而要达到这种目标有赖于孝悌的保障。孝文化教育是家庭成员之间和睦相处，家庭生活正常进行所需要的思想纽带。如果缺失这种孝文化教育，家庭就不会稳定巩固，甚至会破裂解体，我们追求和睦幸福的家庭生活的目标就会破灭。孝文化教育在维护家庭的和睦幸福方面留下了宝贵的思想资源，在我们国家，传统家庭强调每个成员对其他家庭成员都有应尽的义务和享有的权利，认为一个和睦幸福的家庭需要达到父慈子孝、兄友弟恭、夫义妇顺，每个家庭成员都应尽职尽责，也就是说，在孝文化精神纽带的连接下家庭才能和睦幸福。儒家把孝悌看作最基本的道德规范，同时其也是中国最古老的道德范畴。《孝经》中讲"夫孝，德之本也，教之所由生也"，认为孝是道德的根本，是教育的出发点。在几千年的传统文化的熏陶下，大家普遍形成了一种审视人的最基本的标准：看人是不是孝顺父母。《孝经》中指出："故不爱其亲而爱他人者，谓之德。不敬其亲而敬他人者，谓之礼。以顺则逆，既则焉。"那种不敬爱自己的父母亲人却去敬爱别人的行为是违背道德和情理的，是不顺应天理的。而且，这些不懂敬爱自己亲人的人，我们怎么会相信他会敬爱和亲近别人呢？所以，正如古人之言，我们在选择伴侣、朋友和商业伙伴时，衡量的标准应该有"孝悌"。

三、传承孝文化是弘扬民族精神和增强民族凝聚力的需要

首先，孝文化是保持社会稳定团结的助动力。社会是由成千上万个家庭组成的，家庭伦理思想是以孝文化为根本而展开的。在孟子眼里，孝悌拥有至高无上的"王天下"地位，孝悌是行王道、施仁政的一个先决条件，而尧舜则是擅长使用孝悌这一法宝的典型人物。荀子集中完整地阐述了家庭内部的伦理关系，将之确立为父子、兄弟、夫妻各自应当遵守的伦理规范。荀子认为对这几种规范只做到某一方面是不够的，必须系统地实行，"此道也，偏立而乱，俱立而治，其足以稽矣"。也就是讲只做到某一方面，社会就会变得混乱，全部做到的话国家才能安定和谐。荀子把家庭伦理与社会伦理相结合，找到了维护社会稳定团结的内在推动力。其次，孝是民族认同、民族团结的精神基础，是中华民族凝聚力的核心。孝"尊祖敬宗"的要求，形成了中国人浓厚的"一本"观——人们认为祖宗犹如树木的本根，子孙则是枝叶。这种追根溯源的思想，使一家一族的人牢固地凝聚在一起。而进一步追溯下去，同一个姓的人，"五百年前是一家"，最终会使无数代中华儿女追溯到共同的先祖——炎帝、黄帝，所以说中华民族都是炎黄子孙。这种炎黄认同，也就是对中华民族的认同，既是对先祖的孝，也是形成民族凝聚力的根源。炎黄子孙不仅要"报本返初"，还要"继志述事"，对民族行其大孝。故从孝的基本精神中又衍生出为民族延续而生、为

民族尊严而死的精神，及促进民族繁荣兴旺的历史责任感和爱国报国心。《孝经》论孝是"始于事亲，中于事君，终于立身"，把"忠"涵盖在"孝"之中。这是因为，在封建时代，孝的最高要求"立身扬名，以显父母"，很大程度上必须与事君、忠君联系起来。人只有事君，才有可能建立事功、获得荣誉、光耀双亲。这种基于孝的忠孝文化，正是中华大一统的思想基础，是中国持续两三千年的大一统的重要根源。现在，我们亟须弘扬和培育民族精神，团结海内外一切拥护祖国统一的爱国者和华人、华侨，努力增强中华民族的凝聚力。因此，传承民族团结、国家统一的思想基础的孝文化，就显得极为必要。

四、传承孝文化是坚守文化个性、抵御文化入侵的需要

抵御外来文化入侵，捍卫我国文化主权已经成为时下一个非常严峻而现实的问题。全球化时代文化发展的一个突出现象是文化帝国主义和文化霸权的出现。这种文化霸权在所有弱势文化的国家里都随处可见，而且在青年一代身上特别突出。在我国，那些五颜六色的染发，"酷毙"的装束时尚，半土半洋的口语交流，圣诞平安夜的倾城狂欢，情人节的风靡等，都显示着以美国文化为代表的西方文化、生活方式已经不知不觉地成为我们生活的一部分。文化是一个民族的根与魂，一个民族没有了自己的文化特色就意味着这个民族的消亡。正如亨廷顿指出的："一个不属于任何文明的、缺少文化核心的国家""不可能作为一个具有内聚力的社会而长期存在。一个多文明的美国将不再是美利坚合众国，而是联合国。"[56]而民族特色的文化总是从历史中走出来，又在新的历史条件下通过传承和整合而形成的。孝文化是中国伦理型文化的根核部分，对于中国的国民性发生了根源性、本质性的影响。我们应当继承弘扬孝文化，并对它进行转换，使其成为具有独具特色的社会主义孝文化。

第四节　传承孝文化的基本路径

传承孝文化，要广辟路径，形成多条腿走路、多头并进的格局。

一、在和谐文化建设中传承孝文化

中共中央《关于构建社会主义和谐社会若干重要问题的决定》提出了构建和谐文化的任务，并要求"广泛开展和谐创建活动，形成人人促进和谐的局面。着眼于增强公民、企业、各种组织的社会责任，把和谐社区、和谐家庭等和谐创建活动同群众性精神文明创建活动结合起来，突出思想教育内涵，广泛吸引群众参与，推动形成我为人人、人人为我的社会氛围"。由此，和谐文化建设在举国上下蓬勃展开。孝文化本质上是一种和谐文化，其根本功能在于建立和谐的代际关系和家庭关系，因而传承孝文化也是和谐文化建设的重要内容。我们应充分利用建设和谐文化的契机，把孝文化建设与和谐创建活动结合起来，把倡孝、行孝与创建和谐家庭、和谐单位、和谐社区结合起来，加强对当代孝文化的理论研究、规范建构、体系建设，加强对孝文化的宣传、普及，澄清人们头脑中的错误和模糊观念，使孝文化获得较快发展。

二、在法治文化发展中传承孝文化

传承孝文化，也要依托法制，健全法制，完善法律、法规和政策，在制度文化的发展中巩固孝文化的成果。我国历史上自两汉以来统治者就倡导"以孝治天下"，"不孝"在很多朝代的法律中被列为"十恶不赦"的大罪。这种封建的"法治"是人治下的"法治"，是把法律作为手段来配合推行封建的伦理道德，是泛道德主义。数千年来，历代统治者把伦理道德与政治相结合，将礼与刑融为一体，使僵硬的法律规范借助于道德提升为人们自觉的内心信念和行为标准。我们反对这种泛道德主义，主张实行真正的法治，建设人民的道德。但也要看到，法律与道德之间存在着互为条件、彼消此长、相互转化的动态互动补机制。当代世界各国都出现了道德法律化的趋势，大部分公众道德被纳入法律框架之中。法律既以国家强制力规范人们的行为，又对人们的行为产生强大的指引作用。我国现行《宪法》《婚姻法》《收养法》《继承法》《刑法》等法律法规，对后辈的赡养义务和老人的受赡养权利做出了相关规定，但也存在孝的原则精神、基本要求在法律法规中体现得不够明确、具体、全面的问题，需要进行深入细致的考量、调整、完善。

三、在社区文化培育中传承孝文化

社区文化是由特定社区居民共同创造的，体现着该社区居民的价值观和行为方式的文化。各地在社区文化建设中，不仅开展了各种文化娱乐活动，以别开生面的形式向居民传授文化、科普、法律知识等，一些社区还通过建立道德银行、评选孝子孝女和精神文明标兵、举办邻里节等形式，有力地促进了人际间的交流和互助，融洽了家庭、邻里关系，为提高居民思想道德水准和文明程度、塑造美好的心灵找到了切入点。内容健康、形式多样、丰富多彩的社区文化活动已经成为向居民传播先进文化、建设社会主义精神文明的思想文化阵地，成为社会主义道德建设的一个有效载体。我们要利用这一阵地和载体，把培育现代社区文化与建设当代孝文化结合起来，加强对社区居民的孝道教育，用社会主义孝道来协调社区居民的代际关系、家庭关系、邻里关系、人际关系，引导社区成员逐渐形成尊老崇孝的伦理价值观，养成行孝的行为习惯，使当代孝文化扎根基层。

四、在习俗文化进步中传承孝文化

我国是多民族国家，各民族都有源远流长的民俗文化，各种民俗文化中又都包含着丰富的礼仪、婚丧、节庆、生产、商贸、交通、游艺等方面的习俗。习俗文化与道德建设有着密切关系。17世纪的杰出科学家宋应星在《野议·风俗议》中指出："风俗，人心之所为也。人心一趋，可以造成风俗；然风俗改变，亦可移易人心。是人心风俗，交相环转者也。"[57]习俗文化在历史发展中已承载了丰富的孝文化信息，如交际礼仪要求对老人跪拜、叩头、陪侍；婚嫁习俗要求新郎新娘"拜高堂"；节庆活动习俗要求拜寿、祀祖；宴饮活动习俗要求让老人和长辈先尝酒菜；生产活动习俗要求收获的时蔬稻果都要让父母和长辈先尝鲜尝新等，不胜枚举。传承孝文化，要对各种习俗中包含的陈旧、落后、不合时宜的孝文化内容进行改造，把新的孝观念、孝规范融入到新习俗中去。传统习俗文化特别注重的清明扫墓、七月半接先人、冬至和春节祭祖，是孝文化的重要内容，剥离其中的一些迷信形式和内容后，仍值得在当代提倡和发扬。近年来，一些全国政协委员提出在清明、端午、重阳等传统节日设立公假，以便更好地继承和弘扬传统文化，不失为有益的建议。改革习俗文化，还要尊重习俗的多样性、包容性。譬如拜年拜寿的礼节，如果晚辈要跪拜叩头，长辈也愿意接受，仍可保留；如果改成鞠躬或拥抱，或者唱一支《祝福歌》《祝你生日快乐》，也没有什么不妥。实在无法见面，通过寄钱寄物和信件、电子邮件、电话、视频等表达孝心爱意，也是可以的。总之，要破立结合，移风易俗，雅俗共赏，使习俗文化与孝文化互融共存、共同进步。

五、在旅游文化繁荣中传承孝文化

随着经济发展和人民生活水平的提高，我国的旅游业获得了飞速发展，旅游文化方兴未艾。这又为孝文化提供了极好的"搭车"发展之机。我国名胜古迹中包含着大量的传统孝文化信息，很多古建筑上铭刻着宣扬"孝悌忠信"、家规里约的内容，各地还保留着很多民族始祖、历代圣贤、孝子的崇祠、牌坊、庙观、墓道，这些都是对游客进行传统孝文化教育的生动教材。我们还可以通过兴建一些宣扬当代孝道的主题公园、陵园、诗词碑林等，进一步宣传孝文化。也可利用红色旅游资源，通过组织祭扫凭吊英烈墓，参观革命纪念馆、历史博物馆等，表达人们对民族先祖、革命英烈的崇敬之情，并进而激发人们的爱国热情和民族自豪感，增强民族凝聚力。

六、在网络文化发展中传承孝文化

网络作为最先进的传播媒体，以其快捷性、方便性、开放性、生动性吸引了越来越多的人，特别是青少年。网络文化作为现代文明的结晶，正将其强大的触角，伸展到社会生活的各个方面。网络文化具有多方面的先进性，它打破文化垄断，实行文化民主，突破社会分工限制，拓展人际交往空间，发展人的创造性，促进人的自由与全面发展。我们要努力使当代孝文化在网络上占有一席之地，通过建设孝文化网站、开发孝文化论坛，发展网络孝文化，使广大网民受到孝文化的熏陶和教育。另一方面，网络文化自身处于发展期，网络信息鱼龙混杂，存在大量有害信息、垃圾信息。在与网络文化携手发展的过程中，必须大力抵制和批判腐朽落后的孝文化，努力提供正面、健康的孝文化信息。

七、在文化交流中传承孝文化

今天，我国与世界各国的文化交流十分活跃，很多国家兴起了汉语学习热，各国纷纷建立孔子学院；我国的劳动力和商品大量向外输出，出境游客不断增加，同时很多外国人出于对中国文化的景仰，也络绎不绝地来中国旅游观光。我们应充分利用这些有利条件，引进其他民族的伦理文明成果，取长补短，不断给孝文化注入新的文化元素。文化交流的一个重要方面是与海外华人的交流。海外华人虽然身居异乡，但共同的血脉、共同的语言，使他们保持着对中国的强烈的民族认同和文化认同。传统孝文化在海外华人文化圈中有着深厚的根基，敬祖思宗成为全球华人共同的文化基因。由于长期生活于异域文化中，海外华人自觉不自觉地将传统孝文化与异域伦理文化进行整合改造，形成了各具特色的孝文化景观。我们要从海外华人的孝文化中汲取营养，通过求同存异，丰富当代孝文化。同时要向华人文化圈传播社会主义的孝文化，通过弘扬孝文化，增强全球华人的凝聚力，共同推动祖国统一和民族复兴。

第七章　新时期孝文化研究动态

近几年来，一些地区围绕孝文化建设开展了丰富多彩、形式多样的学术研究和文化建设工作，组织开展孝文化研究和交流等学术活动。文化艺术界也创作出了一批宣传倡导中国孝文化的优秀作品：帮妈妈洗脚等公益广告，起到了很好的宣传教育效果；电影故事片《背起爸爸上学》，描写了一个贫穷山区的少年与命运抗争，毅然带着瘫痪的父亲到他乡去求学，由尽孝道、上学的两难到两全的凄婉悲壮故事，引起社会的强烈反响；《一封家书》《常回家看看》等歌曲唱出了人们的内心渴望，已家喻户晓，传唱不衰。在此背景下，不少专家学者也开始着手对古孝文化进行深入研究，以期推进中国现实社会问题的解决，这成为中国学术研究的一大趋势。在此影响下，研究的氛围日益浓厚，研究孝文化的角度日益多样化，研究成果也日益丰盛。

第一节　孝文化研究学术成果简述

从古至今，诸多学者对"孝"以及"孝文化"进行了研究，由于受到所处时代的各种因素限制，他们的研究成果中不可避免地流露出为政治服务的气息。直至20世纪20年代，以梁漱溟为代表的现代新儒家逐渐开始以哲学的眼光辩证地思考"孝"及"孝文化"的理论意义和实践意义。从20世纪80年代开始，关于"孝文化"的研究开始增多并逐渐形成研究热潮。特别是近十年来，全国各地先后成立了多个孝文化学术研究机构，组织召开了多次孝文化研究探讨会议，引导学者把握孝文化研究的脉络及如何实现孝文化在当今的社会价值，从研究时点、研究主题、研究对象和研究方法等方面对孝文化研究文献进行梳理和比较，取得了丰硕的成果。

一、关于孝起源的研究

在孝文化起源上，学者们争论不一。肖群忠教授在《孝与中国文化》一文中，从历史文化角度及现象入手，对孝的起源进行了分析。他认为，孝产生或大兴于周代，初时意指尊祖敬宗、报本返初和生儿育女、延续生命。[58]肖波先生在《中国孝文化概论》中探讨孝文化的起源时认为，孝文化的起源具有原因和条件两方面特点。就原因来讲，可分为生命个体性起源、社会性起源、信仰性起源。孝文化起源的条件为特定生产方式、血缘宗法制度以及中国个体家庭三个。肖波认为，孝是中华民族文化传统中最具有基础性的精神内涵，它源于人类的社会生产实践和社会生活，和人类社会的发展相统一。正如黑格尔指出的那样，中国纯粹建筑在这样一种道德的结合上，国家的特性便是客观的家庭孝敬，孝文化总括性地涵盖了人伦本源的孝伦理和政治化了的孝道德，它是中国传统文化极其重要的组成部分。[60]此外，任满丽认为"孝"起源于敬老。舒大刚认为孝起源于祭祀活动。陈筱芳认为孝至迟在商代已经形成，它是个体家庭的产物。丁成际则认为孝在父系氏族公社时就已产生，源于血缘关系而产生的亲亲之情和个体婚制的建立。张祥龙从现象学角度出发，认为孝爱是由社会与文化造成的、最能体现人性的特点而又需要在生活境域中被构成的一种人类现象。[61]

二、关于孝文化内涵的研究

孝文化的内涵是孝文化研究的一个基础问题，学者们从多个角度对孝及孝文化的内涵进行了研究。朱岚在《中国传统孝道思想发展史》中对孝的内涵做出了概括：中国传统孝观念的内涵丰富，从行孝对象及行孝内容来看有四层含义——对在世或已故父母的孝敬；对先祖的追念祭祀；对君王天子的孝；继承先祖德业、立身扬名，以耀族荣宗、光前裕后。张云凤在《漫说中国孝文化》中谈到孝的内涵时指出，《孝经》中全面阐述了孝的内涵，包括孝的地位与意义、孝的阶段与层面、孝的标准、孝的作用、孝子施孝的方式等。[62]他认为"善事父母"是孝最重要的内涵，但由于"孝"涉及道德品行各方面，包罗万象、蔚为大观，所以，将其固定于"善事父母"还是不够的，还应推广为"泛孝论"。学者们还从多个角度对孝及孝文化的内涵进行了研究，如从文字学角度得出"孝"的本义应当是晚辈对老者的敬从，又如从伦理学角度发掘孝及孝文化的内涵。肖群忠认为孝道主要是由爱心、敬意、忠德和顺行构成的，爱、敬、忠、顺是孝道的伦理精神本质。郑晓江认为孝的伦理内蕴可以分为三个方面：奉养长辈、顺从长辈、祭祀先辈。侯欣一则把孝的内容概括为七个方面：谨身节用，敬养父母；父母有疾，精心侍奉；家庭和睦，累世同居；容隐父母之过；父母丧，哀伤不已；延续家族，继承父志；为亲复仇。还有研究者从人类学角度把握孝文化的内涵，认为孝是一种生命意识，是一种生命价值观，是对人的生命关怀。也有学者从文化学角度将孝文化界定为"中国文化与中国人的孝意识、孝行为的内容与方式，及其历史性过程、政治性归结、广泛的社会性延伸的总和"。可以看出，学者的认识既有统一之处，又存在较大分歧；这些分歧既与研究角度的不同有关，同时也反映出研究途径、内容的扩展与深化。[63]

三、关于对古孝文化的反思与其现代价值的研究

大连海事大学马克思主义学院的郑晶晶在《传统孝文化的国内外研究状况综述》一文中称：曾仕强教授在他所著的《孝就是道》中阐述了自己对传统孝道的反思，以及对孝道的现代价值的观点。他认为，《二十四孝》的故事所追求的是永恒的价值，其内容要与时俱进，不应该局限于某一个时代。其中的一些故事至今仍具有深远的意义，要用心体会其中的道理。另外，在对于孝的现代价值的理解方面，曾仕强教授认为：现代人有时过分自我、彼此疏离，需要用孝道来调适。更重要的是，道是要实践的，人能弘道，但是不能等着道来弘人。值得一提的是，2013年7月19日，由湖北工程学院中华孝文化研究中心与中国人民大学伦理学与道德建设研究中心、韩国圣山孝大学院大学孝文化研究所和韩国孝学会联合主办的"传统孝道

的当代意义与多元对话"国际学术会议在人民大学隆重开幕，来自韩国、美国等国家及中国台湾、中国香港和全国其他地区的50多位孝文化研究专家学者出席。会上，人民大学肖群忠教授，人民大学常务副校长冯惠玲教授，中国伦理学会会长、清华大学人文学院院长万俊人教授，湖北工程学院党委书记、中华孝文化研究中心主任肖波教授，人民大学伦理学与道德建设研究中心主任葛晨虹教授分别致辞，美国夏威夷大学哲学系教授、国际著名汉学家安乐哲先生，韩国西原大学教授、韩国伦理学会副会长崔文沂先生等国外学者进行了报告，台湾辅仁大学教授、原校长黎建球先生，北京大学中国文化发展研究中心常务副主任李翔海教授等国内专家学者也分别作了大会主题报告。肖波的《城镇化进程中孝道的嬗变与坚守》一文引起了与会代表的一致好评，文章介绍了当下城镇化进程中，以"生儿育女""传宗接代"和"养儿防老"为核心，以孝本体价值观变迁为最突出表征的社会文化冲突现象，并分析了城镇化进程中孝道流失和变迁的原因，从而提出城镇化进程中需要保留对"乡土"的足够敬畏并坚守孝道，使乡村在与城市文明的互动中得到新的发展。据悉，本次会议就"传统孝道的文本与历史分析""孝道问题与义理诠释""多元文化视野中的孝道""传统孝道的当代价值重估""传统孝道的实践弘扬""传统孝道的现代反思"等主题进行了深入研讨。在学界，就对孝的反思与孝的当代价值这一问题，大部分学者都是在继承传统孝道观念的基础上对其进行批判性的继承，并对其负面作用进行反思，从而弘扬其正向值。值得一提的是，很多学者在讨论通过利用传统孝道解决现实问题来挖掘传统孝道的当代价值时，很统一地对养老问题进行了探讨，如《关于孝文化的若干思考》《社会变迁中的养老和孝观念研究》《孝与折衷主义：中国城市养老的实证研究》《中国传统孝文化探析》等。杨振华在《"孝"的历史流变及其现代德育价值研究》中指出了孝的德育价值意义；陈旭的《传统孝道在和谐家庭建设中的价值研究》揭示了孝道与和谐家庭的关系；方程的《传统孝道的历史嬗变与当代审视》则试图在孝道的历史与现实中把握其意义。中国传统孝道文化随着历史的变化发展，已经成为新时期的孝道文化，如何正确把握孝道文化的内涵及意义，是构建社会主义和谐新孝道的关键所在，也是构建社会主义和谐社会的重要环节。

四、关于古孝文化代表人物的研究

孔子是儒家孝道学说的创始人为学术界所公认，但在对其孝道理论的内涵把握上，人们的观点却不尽相同。黄开国认为儒家孝道派的真正代表人物不是曾子，在孝道派之后成书的《孝经》是孝治派的代表作，而孝道派与孝治派是有重大区别的不同学派。何元国认为《论语》中的"曾子曰"记载的是曾子的思想，《大戴礼记·曾子大孝》中的"曾子曰"记载的是曾子后学的思想。曾振宇认为孟子的孝论与孔子的思想有比较大的偏离。此外，余治平、孟祥红、何乃川、王东梅分别对孟子、董仲舒、朱熹、王阳明等人的孝道观进行了研究，肖群忠则对新儒家三个不同时期的代表人物的孝道观进行了研究。

五、关于古孝文化的历史地位的研究

对古孝文化的历史地位，多数研究者给予了比较高的评价。肖群忠的评价具有代表性，他认为孝在中国传统文化中，不仅是一种日常伦理意识、规范和实践，而且它还具有对祖先崇拜、追求永恒的宗法性、人文性宗教意义。另外，它还是中国人珍视生命、保护生命的哲学意识的体现。同时，孝作为人类内发自然的至诚之爱，是中国传统社会与人际关系得以展开的精神基础。可以说，它是中国传统文化内在的、深层的元意识。正因为如此，它成为"百行之首""百善之先"，是德之根本、政治法律之运作基础、教育教化之核心内容，甚至连中国人的生活方式、民俗、艺术等都深受影响。关于传统孝文化的历史作用，大多数研究者以辩证法为指导，做出了两分法的评价，既对其精华进行肯定，又对其糟粕进行批判。陈川雄认为孝的一些特殊含义已随着时代的变迁，显现出它的局限性，而像"爱亲""养亲""事亲""尊亲""谏亲"等孝的基本含义将与人类共存，具有超时空性。肖群忠认为孝对中国国民性的积极影响表现为促使中国人形成了仁爱敦厚、忠恕利群、守礼温顺、爱好和平的优良品质；消极影响则表现为其权威价值取向导致了国民因循守旧、保守落后的性格，其片面

义务价值取向导致了国人权利意识淡漠、忍耐不争的人格特质。罗国杰认为孝在一定时期内有力地维护着中华民族的和谐发展，凝聚着以血缘为纽带的宗法氏族关系，对维系家庭团结和保持社会稳定起着特殊重要的作用。同时，在长期维持等级制度的社会中，主要是自宋明到"五四"前这段时期，"孝"被统治阶级及其思想家们加以扭曲，使得"愚孝"成为道德楷模，牺牲子女的基本权利成为道德教条，压抑人性成为"孝"的必然归宿。总体上看，研究者多能理性客观地评价传统孝文化，对其精华与糟粕的分析视角比以前更加广泛和深入，在揭示传统孝文化的历史价值和精神本质上有较大进展。

六、关于佛道孝文化的研究

在佛教方面，孙修身反对佛教传入中国前即提倡孝道的说法。陈一风认为魏晋南北朝时期儒、佛的孝道之争促进了儒、佛孝道的融合。邱高兴指出佛教将持戒修行转化为救渡父母与对祖先报恩的一种最大之孝行，遂产生了"一人出家，九族升天"之行孝报恩的新方式。在道教孝文化研究方面，多位学者从不同角度对其进行了研究。李远国认为道教对孝道的理解进一步强调了人在道德实践中的主观能动性，主张在追求神仙理想的过程中终得圆满。从孝文化类型研究的角度来看，对儒家孝文化的研究虽比较深入和广泛，但有重复研究的现象，而对佛、道孝文化的研究还有待于深入加强。[64]

除此之外，一些孝文化研究大家经过潜心思考，浓墨重彩地推出了自己极具影响力的专著。曲阜师范大学教授骆承烈携次子及弟子，积8年之功，编撰完成12卷、400多万字的《中华孝文化研究集成》一书，于2014年3月出版发行。这部被列为2013年国家出版基金项目的文化巨著内容丰富。在体例上，其是第一部将我国古代历朝国家法令、各家孝论、孝子孝行、养老礼法等汇集成卷的孝文献集成；在取材上，其首次打破过去各家各派独立论孝的成规，取材儒、释、道各家关于孝文化的论述，全方位展示历代有关孝文化的政令、理论与著作；在分类上，其首次采用孝令、孝序、孝论、孝行、养老、童蒙、家训、学规的分类方式，打破了传统论孝的问答式及孝论与孝行混合表现式的编排方法；在篇幅上，其分为12卷，为历代孝文献中文献最全、史料最为丰富、卷数最多的一部集成作品。此书的编成，是中国孔子文化传播促进会传播中华优秀传统文化工作的重大成果之一，为学习、研究、传承和发扬中华孝道，提供了重要的文献资料和历史佐证。

肖群忠的《中国孝文化研究》一书则包含了五大板块：第一篇"孝之起源与演变"从历史文化的角度，也就是从现象入手，探讨了古人是如何创造、实践孝文化的，并从纵向的角度对这一历史过程进行描述、分析，以把握其历史过程和本质规律。第二篇"孝之文化综合意义"以文化学之综合视野，阐发了孝在中国文化的诸要素中的意蕴、影响，可以说是一个横向的视野与逻辑线索。第三篇"孝道与孝行研究"则是从伦理学的角度，对孝道之根本精神、规范体系、实践机制、孝道教化进行总结概括、分析阐发，使人们对孝的规范要求有整体的、清晰的把握，以利于人的孝知与孝行。第四篇为"孝的历史反思与当代价值"。如果说以上三篇主要是建立在事实分析的基础上，那么，这一篇则是在此基础上的一种价值分析与批判。在"结论"部分，作者从更高层次上，阐发了孝与中国文化精神——人文主义的内在联系及其当代意义。

特别值得一提的是湖北省孝感学术界的累累硕果。据悉，仅在2001～2010年间，众多研究者从《孝经》、孝道、孝意识、孝人物、孝景观、孝文化及其与孝感经济建设、和谐社会建设、孝文化名城建设、孝道教育的关系等方面开展了研究。这些研究梳理了孝文化的历史内涵，挖掘了孝文化的时代价值，彰显了孝感的孝文化特色。主要研究专著有：《孝文化史料征集》《孝感孝文化》《孝感孝子》《孝文化研究》《中华孝文化研究》《孝感地方传奇故事》《弘扬中华传统文化构建现代和谐社会——中外学者论"中华孝文化名城"建设》《孝文化文艺新作》《新二十四孝》《当代学者论孝》《孝经新解(通俗读本)》《孝文化文学作品选读》《孝文化景观》《中华孝文化名城——孝感》《旅游与孝文化资源开发》《中国孝文化概论》《中国孝文化史》等孝文化研究与教育丛书。另外，这些年间创作的孝文学著作有《千古孝子黄香》《三国孝子孟宗》《孟宗的故事》

《补碗》和《无敌孝子剑》等，它们均从不同角度充分反映和体现了孝文化研究的新成果、新观点、新见解，对孝文化的现代化研究和实践具有重大的启示和指导意义。

第二节　对孝文化的继承与发展的研究

如何传承孝文化、探寻孝文化的现代价值、实现孝文化的现代化，是学者们研究孝文化时的一个热点问题。

学者们多从伦理学的视野分析孝文化的现代价值。马宜章提出克服传统忠孝伦理思想的历史局限性和阶级局限性，从五个方面建构其现代伦理价值。谷树新认为"五四"以来对孝道的批判为孝道的现代化提供了理论依据，传统孝道的丰富内涵为孝道的现代化提供了可能性。余玉花等认为孝亲的伦理问题的存在是实现传统孝道现代转换、赋予孝道现代价值的前提。[65]

对此，重庆市渝中区委常委、宣传部长朱军的态度十分鲜明：对待中国传统文化的态度，既包括对传统文化本身的认识和态度，也包括对传统文化作为重要的软实力对民族复兴、现代化建设及构建和谐社会的重要作用的认识和态度。在当今时代该怎么样来看待中国传统文化？朱军部长认为至少应持有礼敬自豪、学习修炼、传承弘扬、批判扬弃、包容发展等态度。他认为，要积极参与全球文化的交流、交锋，借鉴其他文化的优秀文明成果，与世界一起前进；必须坚持走出去战略，让中华文化走向世界；必须坚持与时俱进，推动中华文化创新发展，这样才能使中华传统文化获得新的生机，使中华民族永远屹立于世界民族之列。[66]

在道德修养研究方面，杨振华指出孝在提升个人道德修养上具有重要价值。路丙辉认为道德要求的对应双向性特质决定了传统孝文化在现代家庭道德建设中的价值。杜振吉认为要摒弃传统孝道的糟粕，建立当代新型的家庭道德伦理关系。张道理认为只有教育才能从根本上解决现代家庭孝道"错位"现象。

华东师范大学法政学院教授、博士生导师余玉花，新疆师范大学讲师张秀红在《论孝文化的现代价值》中指出：从道德建设角度来看，弘扬中国孝文化是当代社会道德建设不可缺少的内容。家庭美德、职业道德、社会公德是社会主义道德的三个有机组成部分。其中，家庭美德是社会道德建设的起点，是个体道德化的摇篮，在整个社会主义道德建设中具有基础性的地位和作用。良好的家庭道德教育会提高人们自身的道德修养水平，从而使人们在社会上与他人建立互助互信的人际关系，并自觉地用法规、纪律、道德来规范和约束自己的行为，成为有道德、有责任心的好公民。同样，体现家庭道德的家风与体现社会公德的社会风气是息息相通的，千千万万个家庭的良好家风能够净化社会文化环境，促进社会道德风尚的形成和根本好转。孝是家庭道德的出发点，也是培养道德情感的着眼点和社会道德的生长点，是青少年道德修养的摇篮。

在孝道教育现代化方面，肖群忠认为掌握孝道的"爱敬忠礼"的伦理本质精神，有助于提高现代孝道和伦理教育的水平。唐明燕认为孝文化是对青少年进行教育，培养其责任感和使命感，促使其健康成长的思想源泉。吴俊蓉指出学校的孝德教育存在缺失，并提出实施孝德教育的方法与孝德教育的具体内容。李弘华提出我国高校校园文化建设应紧扣孝文化，并将其融入校园文化建设中。

中央财经大学的哈战荣在分析了当代大学生的孝道现状后建议：在新形势下如何卓有成效地开展大学生孝道教育，是所有教育者共同面对的一个新课题。审视教育对象的特点以及施教的场所，在加强大学生的孝道教育上可以从以下几个方面入手：

一、开展孝文化讨论，提高大学生的尊老行孝意识

为了实现此目的，一定要改变传统的只依靠思想道德教育课进行灌输式说教的模式，在保证"两课"教学的前提下，通过专题讲座、党团活动、主题班会等形式，让大学生直接参与孝文化讨论，提高他们对推广孝文化的重要性的认识，增强他们的孝道认同感，为实现代际和谐创设有利的内在动力机制。

二、创造教育情境，诱发大学生的尊老行孝行为

在大学生对孝文化取得认同并对尊老行孝产生情感共鸣的基础上，应

不失时机地创设一些有利的教育情境，诸如利用感恩节、母亲节、父亲节、中秋节等节日，强化大学生的亲情意识和敬老观念。也可以通过"一封家书""情感交流面对面""我来当家"等有意义的活动，让每个大学生体会到父母的艰辛和养育之恩，引导他们在学习生活中通过一点一滴的行动来回报父母。

三、利用典型事例，引发大学生尊老行孝的情感共鸣

现实生活中恪尽孝道的人并不少见，不要说全国各地涌现出来的行孝典型，就是在大学校园里，这样的典型事例、代表人物也比比皆是。这些活生生的范例对大学生灵魂的触动比坐而论道、高谈阔论的说教效果要强得多。

四、促进道德迁移，提升大学生的思想道德境界

每个人最早都是从父母那里感受到人间的爱，这种爱必然培养并生发出子女对父母以及他人的爱。而孝的本质就是一种爱与敬的情感与行为，因此，要通过奉献爱心、回报社会等教育及相关活动的开展，激发潜藏在大学生心灵深处的爱心，使他们在各方面都有善举，并以此提升大学生的思想道德境界，使尊老行孝的道德风尚在他们身上得到回归，使中国灿烂文化的这一宝贵遗产代代传承下去。

加强对当代大学生的孝道教育有利于完善他们的人格，有利于大学生形成良好的道德品质和强烈的社会责任心，也有利于在全社会形成良好的尊老氛围。这对于消除代际隔阂，实现家庭和谐，构建社会主义和谐社会都有积极而重大的意义。[67]

一些研究者从孝文化与代际关系的角度探讨了孝文化的现实价值。马尽举认为"五四"以来对孝文化的批判形成了子代的单边解放和新的代际不公问题，在现代应该追求公正合理的代际关系的建立。刘同昌指出建立新型的孝道观念对于现代社会的代际和谐及社会稳定具有重要意义。

一些研究者探讨了孝文化与和谐社会建设及新农村建设的关系。马永庆认为发展农村孝道德需要构建新的有特色的家庭伦理道德体系，并加强

家庭美德教育和制度建设及法律监督。潘剑锋等认为，随着我国现代化的实现，农村养老模式应走向社会化。朱曼等认为弘扬孝文化是新农村建设的现实选择。潘亚绒、陈昆满认为弘扬孝文化对构建和谐社会具有重要意义。

还有些研究者从养老问题的解决的角度探讨了孝文化的现代化。肖群忠认为无论是古代还是现代，孝都是解决养老问题的重要精神保障。潘剑锋等认为传统孝文化在解决农村养老问题上具有强大的生命力。康颖蕾等提倡建立一种依托"孝"为文化基础的符合中国国民性格的养老保障制度。姚凤民指出我国养老保险制度的完善应以传统孝文化为依托。张洪玲认为家庭养老与孝文化之间具有"本原关系"。

就我国养老问题，各路专家学者纷纷撰文坦陈自己的观点。有人认为，从社会学的角度看，家庭养老深深根植于我国家庭伦理孝贤文化的土壤中，体现了中华民族优秀的文化传统和价值观。孝贤文化作为社会意识形态和人们的行为规范，在不同时代其内涵也有很大的变化，这正是对时代进步和社会发展的反映。因此说，各个时代的孝贤文化作为社会现象，都带着其所在时代的基本特征。我国儒家传统文化强调"孝贤"，"以老为尊""尊老敬贤"，千百年来逐步形成和发展为今天的孝贤文化。孔子是孝贤文化的奠基人，他以亲子关系这一人类最自然的情感为基础建立了一套社会道德规范。孝贤文化以"孝贤"作为人道之始，作为人性的本根，作为家庭和社会秩序、道德律令的基础，具有强烈的情感归依。通过孔子等先哲的倡导，"孝贤"成为德行之本和人们立身行事的出发点，相应的养老模式表现为赡养老人。孝贤文化将家庭养老的价值观赋入我国家庭养老的基本模式中，赡养老人成了每一个中华儿女的内在责任和自主意识，是其人格的一部分。可见，传统的孝贤文化与家庭养老有着天然的内在联系。有千百年历史的传统孝贤文化自有其精华和合理性，其产生的心理情感和伦理文化基础是不容怀疑的，其社会价值是不容忽视的，也对当今社会有现实的指导意义。孔子学说在全世界范围内越来越受到重视，孔子被当代国际社会列为十大思想家之首，被认为是人类精神文明的先师，就是一个例证。因此，无论是从维护家庭和谐、社会稳定的角度，还是从促进社会主义思想道德建设的角度，我们都有必要重新审视传统的孝贤文化，并在新的历史条件下对之进行弘扬、创新和发展。

孔子并不满足于孝道对于稳定家庭秩序的作用，他更看重的是"孝贤"的社会功能。当"孝贤"成为一种强有力的文化心理、行为习惯和传统美德的社会规范之后，它就具有了完善人的功能，其滋生的道德习惯会迁移到一个人的立身、行事、处世上。移孝为忠、移孝为信、移孝为修身之道，意味着孝贤成为整套社会道德规范的原始起点。一个孝子除了具备对家庭的责任感外，也必然会产生对社会的责任感。将私德引向社会公德，将社会公德建立于个人私德和人伦自然情感之上，是孝道能够成为传统道德文化建设基石的根本原因，是新时期我们"以德治国"，建立社会主义和谐社会、完善社会保障、居家养老模式的基础，也正是我们现在大力弘扬孝贤文化的现实意义。

人口老龄化问题已经成为现在和未来横亘在我国社会发展过程中的必须面对的"卡夫丁大峡谷"。我国的老龄化呈现势头猛、规模大、程度高、发展不均衡和"未富先老"的先天不足等劣势。在传统孝道自然逻辑和现代工业化逻辑共时性冲突的背景下，工业化与现代化进程在推动中国社会转型的同时，也让长期崇尚"宗法"与"孝道"的国人陷入了一种"囚徒困境"。在现代法治语境下创新、发展"养儿防老"或"家庭养老"的传统孝道文化理念，必须理性看待传统孝道理念的范式规约，合理对待现有法律制度的缺位。要秉承社会公平的福利价值目标，秉承社会公平的福利价值目标。华南农业大学公共管理学院的向安强、李利坚等在厘清中国传统孝文化内涵的基础上，认为我国农村人均占有农地面积减少，使得以土地收入为主的农村老年人口失去最基本的保障，土地的养老功能受到削弱。现代市场经济浪潮及多元文化对传统价值造成的冲击，也使传统的家庭养老模式面临挑战。随着中国农村人口老龄化的加快，未来我国的农村养老问题将会更加突出。《中华人民共和国老年人权益保障法》第三条和第四条规定国家和社会有义务保障老年人的生活、健康及提供物质帮助。农村老年人在青壮年时期对国家及社会的发展做出了巨大的贡献，政府有责任与义务去保障农村老年人的老年生活，真正做到老有所养，而不应当把赡养老人的义务全部强加给子女。政府应建立相应的农村养老保险制度，并随着经济及社会的发展从各方面不断加以完善。为此，他们建议从以下几方面探索建立新型农村养老保险制度的对策及路径：

一、继续发挥土地的保障功能

在中国的乡土社会中，土地占有重要地位。长期以来，土地是广大农民的"衣食之源、生存之本"，在充当农业经营中最重要的生产要素的同时，也成为农民最基本的保障依托，承载着生产与保障的双重功能。目前农业收入仍是农民收入的主要来源，土地仍是农民维持生计的最后依托，靠土地养老依然是绝大多数农民的选择。要使土地真正发挥养老保障作用，就要保证土地的收益，使其能够真正担负起农民养老的重任。这就要统筹解决好"三农问题"，缩小三大差别，走共同富裕的道路。

二、把进城失地农民和民工纳入城镇养老保险体系

对于失地农民，实行以土地换保障，把他们纳入社会保障的覆盖范围中，是解决其养老问题的途径之一。但目前多数地区的做法仅仅是从给农民的补偿金中扣除一定比例直接纳入政府的社会保障资金账户，这明显是不够的。对于长期在城市工作的民工，应积极、有序地将其纳入城镇基本养老保险体系，促进其由农民向市民转变。这既是我国社会经济发展的必然要求，同时也与我国劳动与社会保障部提出的将农民工逐步纳入城镇企业职工范围的建议相协调。

三、建立农村养老保险制度的法律保障机制

目前，我国农村社会养老保险制度法规极其缺乏，仅有民政部在1992年颁布的《县级农村社会养老保险基本方案》（民办发 [1992]2号）。随着社会的发展，《方案》已落后于中国农村养老保险实践，使得农村社会养老保险处于无法可依的状态。因此，政府必须尽快制定符合中国农村发展状况的养老保险法律法规，为我国的农村养老保险提供法律依据和准绳，明确各个工作单位的权力、责任和义务，保证农村养老保险制度尽快步入法制化、制度化的轨道，并顺利运行。

四、确立农村养老保险中政府的主体地位

社会养老保险在农村的发展历程表明，政府角色不明、职能缺位是制约其发展的主要原因之一。社会保障是一种政府行为。首先，养老保险是整个社会保障的重要组成部分，是典型的公共产品。作为一种收入再分配的工具，养老保险应通过"税收—转移支付"的方式来缩小居民的贫富差距，其供给主体只能是政府。其次，保险市场在农村地区的严重"失效"客观上要求建立起以政府为主体的农村养老保险体制。再次，社会保险是法律规定政府应承担的责任。宪法第45条规定："中华人民共和国公民在年老、疾病或者丧失劳动能力的情况下，有从国家和社会获得物质帮助的权利。"这里所指的公民包括城镇居民和农民。建立以政府为供给主体的农村养老保险制度是我国经济发展的现实需要。

五、结合实际，建立多层次、多途径的养老保险制度

我国农村地域广阔，农村经济发展不平衡，东、中、西部地区差距很大，各地的财政实力各不相同。在建立农村养老保险制度的过程中，应针对不同地区采取不同的社会养老保险制度模式。同时，政府也应根据各地区的经济状况给予不同的财政支持。

六、加大财政对农村养老保险的扶持力度

社会保险属于国民收入再分配的一种形式，其责任主体是国家或政府，基金筹集由政府、集体和个人三者承担。因此，政府承担的最根本的责任就在于扩大财政在农村社会养老基金中的支出比例，确保所投资金落实到位。然而，长久以来，绝大多数参保农民的养老保险费基本或完全由农民个人缴纳，大多数农村集体不是经济实力薄弱就是不愿意承担相应的责任，而国家的所谓政策扶持也多流于形式。在这种模式下，农民没有参保的积极性。国家应从公共财政预算中安排专门的资金用于农村养老保险，资金应随经济的发展同步增长。

七、强化政府对农村养老保险的监督管理责任

政府监管是农村养老保险制度得以正常运行的重要保障。只有严密监管，各个环节才能有效衔接，有限的资源才能得到合理利用，从而获得效益的最大化。随着制度转型的深入，会出现越来越多的新情况和新问题，监管的难度会越来越大，重要性会越来越强，对政府的要求会越来越高，监管不力的后果会越来越严重。尤其应重视对工作人员及流程的监管，要不断地提高工作人员的能力，同时可以利用现代网络技术提高工作效率，建立参保农民的个人账户，方便参保农民查询、监督。

八、完善农村养老保险的相关配套措施

首先，应加大对农村养老保险的宣传力度，营造良好的外部环境，从而使农民充分认识到参加社会养老保险的必要性，提高农民参保的积极性和自觉性。其次，应提高各级领导干部对农村养老保险的重要意义的认识。各级领导干部应该以高度的责任感和使命感，在可能的条件下大力促进农村养老保险工作的开展。最后，应重视农村养老保险的社会化服务，包括完善养老金缴付支出、投资运营及发放等服务，举办老年人权益咨询活动，为农村老年人提供健康咨询、健康检查等医疗保健服务等。这些服务作为养老保险制度的衍生物，是养老保险制度顺利推行的润滑剂。

但是，在养老保险中强调政府的责任与义务并不意味着子女不用承担任何责任，对父母与子女的权利与义务应从契约形式上加以安排。子女对父母的感恩责任是与父母所尽义务成正比的。[68]

第三节　孝文化与其他文化的关系研究

在孝文化与其他文化的关系研究方面，深层次的成果相对比较少，是孝文化研究中比较薄弱的一个地方。季庆阳在《近十年中国大陆孝文化研究综述》中作了简要梳理：孝文化不仅是中国文学所反映和倡导的重要主题之一，而且也促进了文学的发展。首先，孝文化促进了文学形式的发展：张慧禾认为碑志文体是儒家孝文化的产物，赵楠指出对孝道的宣扬促进了

唐诗的实用性走向。其次，对文学家的性格和文风产生了影响：刘正国考证古代流传的《弹歌》本为孝歌，陈四海、刘健婷指出在中国封建社会"孝"与"乐"为二元同构的关系。在中国古代的绘画艺术中，孝子图是反映孝文化的重要形式，赵超等多位学者对此进行了研究。在孝文化与社会文化方面，夏清瑕指出在孝文化对妇女的影响和作用下，中国传统中确实存在着情感层面的母性崇拜，但其为男尊女卑的父权文化意识所制约。肖群忠认为孝道观念广泛渗透于国人的生活方式和民俗、民间艺术之中。唐兆梅、付林等人就孝文化与家族文化的关系进行了研究。

在孝文化与法律文化方面，黄修明认为历代封建王朝"孝治"的法律实践使中国传统的法律诉讼文化被打上了鲜明的道德印记。李文玲指出孝伦理在汉代行政法中得到了充分体现。除黄修明、李文玲外，在孝文化与法律文化方面的研究方面，学界成果还是较为丰厚的。例如重庆工商大学法学院的陈鹏飞在《求索》2011年第10期中发表了《论孝文化的法律价值》一文，指出孝文化是华夏民族生活智慧的结晶，今天它仍然是家庭和谐不可缺少的基本道德要求。中华文化中的孝文化具有鼓励人们追求物质利益、尊重人格以及彰显权利义务对等的法哲学价值；孝文化在古代法制实践中积淀了丰富的立法和司法价值。探索孝文化的法律文化价值可以从法律上有效规制不孝，以利于构建新型和谐社会。

西安电子科技大学党校的季庆阳在《乾陵文化研究》中以《唐律与孝文化——以"唐律疏议"为中心》为题，提出"正礼和法都是封建统治者用来治国理民的重要工具。"因此，讨论唐代政治与孝文化的关系，不能不涉及孝文化与唐代法律的关系。关于唐代法律在维护孝道的作用上，学者还存在着一些认识上的差异。杨廷福在《唐律的特色》中指出，唐律的特色之一就是坚持伦常立法的礼教法律观，核心即尊君、孝亲；牛志平认为"对于不孝子孙的处罚，唐代也远不像别的朝代那么严厉"等。

西南政法大学的路彩娟在《论孝与法从传统到现代的连接》中认为："在中国的现代化过程中，大家族开始解体，平等意识、权利观念逐渐深入人心，家庭成员间关系趋于平等。作为维系中国人稳固社会关系的孝文化传统也开始淡化和消解，许多新一代年轻人对待老人态度淡漠，重物质满足而轻精神关爱，甚至社会中屡屡出现伤亲、杀亲的极端事例。中国社会中孝敬长辈、敬亲爱亲的优秀文化传统遭遇到前所未有的危机，家庭成员感情淡薄，父母子女关系疏离，许多老年人得不到应有的关爱和照顾，这无疑对正在步入人口老龄化的中国的进一步发展不利。"

四川师范大学历史旅游学院的黄修明在《论中国古代"孝治"施政的法律实践及其影响》中说，儒家孝道伦理的政治原则是"孝治"，即以孝治国安民，这一原则的法律施政体现，是在立法上把"不孝"列为罪中重罪予以严惩，并通过制定缜密完备的法律条文对各种不孝行为或不孝犯罪实施严格的社会控制。在历代封建王朝"孝治"施政的法律实践中，都不同程度地出现"孝"与"法"的矛盾冲突，并由此形成古代法制史上以孝枉法、屈法徇孝的共性现象，从而使中国传统法律诉讼文化被打上极其鲜明的人伦道德印记。

在孝文化与医学方面，徐仪明认为在理学仁孝观的影响下，"医为仁术"说和"知医为孝"说，是医儒关系中两个最突出的问题。徐仪明的学说也得到了许多专家的回应。天津医科大学临终关怀研究中心孟宪武就以《中国传统临终关怀思想研究》为题，阐述了三大问题：

一、中国传统文化中的临终关怀思想

中国传统文化中，儒、道、释虽然三足鼎立，但它们哲学思想上的根本，皆围绕人之生死大事。自然，临终关怀思想在各家学说与宗教体系中亦有所表现，如儒家的临终关怀思想是以对生死问题的思考为其内在的主题。平时孔子谈仁、论孝、说礼，很少谈死。子路问死，他斥曰"未知生，焉知死？"。实际上孔子内心极关注死，从仁、孝、礼诸方面，委婉地阐述了对死的看法及临终关怀意识。儒家伦理观中的基本道德有仁、义、礼、信、恕、忠、孝等，其中仁为儒家的最高道德标准。孔孟提倡"朝闻道，夕死可矣""杀身成仁"，即仁人志士在濒临死亡时最需要的关怀，就是道义、信念、事业上的支持。孔子的临终关怀思想，还体现在对丧礼的重视。丧礼，是现代临终关怀的内容之一。孔子认为丧礼乃礼之大者，"生事之以礼，死葬之以礼、祭之以礼"。孔子重视葬礼，但有节度。道教临终关怀思想则有道教宗教色彩。老庄道家的临终关怀与死亡教育、死亡观联系密切，所以亦被儒学家、理学家所接受。老子曰："出生入死。"庄子曰："夫大块载我以形，劳我以生，佚我以老，息我以死。"表达了"生劳死息"的基本观点。庄子还一改"悦生恶死"之习俗，主张"恶生悦死"，认为"以生为附赘悬疣，以死为绝疣溃痈""生也，死之徒；死也，生之始。"老庄建立的"气聚气散"的生死自然观，能使人们安于生、顺于死，摆脱面临死亡的哀痛悲恋情绪，解脱生存的根本困扰。佛教的临终关怀思想则认为人生死皆为有情，即生时为本有、临死刹那为死有、死后为中有、再轮回至初生刹那为生有，四有轮回，循环不息。因此在佛教的概念中生死被同样看待——人应顺随因缘，面对死亡。死亡不过是人在连续不断的生死轮回中的一个阶段而已。佛教教义认为人死后的轮回，系据个人道德因果所定，即"业力"或善恶业报，所谓"欲知来世界，今生造者是"，从而使佛教徒对死亡本身不太看重，所关注的是今生今世的积德行善。佛教这种自我型的临终关怀思想，在当时的社会有其时代意义。

二、中国传统的临终关怀实践类型

孟宪武认为，中国传统的临终关怀活动在形式上是多种多样的，我们可以将这些活动方式归纳为家庭型临终关怀、社会型临终关怀、宗教型临终关怀、医院型临终关怀、自我型临终关怀和反向型临终关怀等六大类型。而六种临终关怀模式，彼此重叠交错，相互影响、相互作用。每种类型既可直接关怀临终者，又可通过其他类型间接关怀临终者。而临终者的反向关怀又或多或少对家庭、社会产生了影响。只要我们稳妥适宜地加以借鉴，就一定能建立具有强大生命力的中国特色的临终关怀总体模式。

三、中国传统临终关怀思想的现实意义

孟宪武在文章中，除重视传统思想的道德涵义、适当发挥丧葬仪式的作用、增强平稳度过临终阶段的意识、正确认识和对待宗教的作用和注重音乐的心理安慰效果五个观点外，还特别强调了三点：一是积极开展死亡教育。我们从事临终关怀事业，最重要的一项任务，就是以辩证唯物主义观点向广大群众进行死亡教育，使人们树立正确的死亡观。二是建立积极的自我临终关怀意识。要树立正确的人生观、生死观，使人生于世上尽力为家庭、为社会做贡献，临终之际没有对死亡的恐惧，并享受生前创造的良好家庭、社会环境对自己适当的临终照护。三是完善临终关怀体系。临终关怀同样有着社会、家庭、宗教、医院及自我相互之间正、反影响的复杂因素，绝非是集中在一个人临终阶段实施的工作，而是与死亡教育结合、贯穿个人一生、涉及群体的长期工作。所以，将各类型临终关怀形式有机结合，建立完善的临终关怀体系，是我们今后的主要努力方向。

当然，对孝文化与其他文化的关系的研究不止上述几类，还有孝文化与核心价值观的研究，孝文化与国家、国家体制的研究，孝文化与企业发展、企业管理的研究，孝文化与特色餐饮、职校教育、恋爱婚姻的研究等，其重点讲的都是人与人、人与社会的关系。在社会急剧转型的当下，人与人、人与社会的关系必然发生嬗变。探讨这种变化，有助于人们孝观念、孝意识和孝行为的重构，目的在于将传统孝文化进行创造性转化和创新性发展。

第八章　家庭孝文化教育研究刍议

　　中国民主促进会中央委员会副主席、中国教育学会副会长朱永新教授曾在第五届新东方家庭教育高峰论坛上从教育学的角度强调家庭教育的重要性：家庭对人生来说非常重要，因为我们所有人都是从家庭这个港湾出发的。人的一生，有四个最重要的场所：第一个是母亲的子宫，我们在那里通过母亲来感受外部世界的变化。可以说，家庭教育实际上从母亲的子宫里就开始了。第二个是家庭。孩子来到世界的第一声啼哭，是人生的第一个独立宣言，这个时候他和外部世界的交流主要是通过家庭、父母来进行的。第三个是教室。在教室里有没有亲密的人际关系，能不能健康成长，同样会影响一个人的一生。离开学校工作了，走进职场，这是人生的第四个场所。在职场里面要拼搏、要晋升，有很多事情要处理。但是，在职场里累了，回到家里还可以倾诉。所以，家庭是人生永远离不开的一个场所，是人生最重要、最温馨的一个港湾。人生从这里出发，也将回到这里。中南大学国学研究中心主任刘立夫也在2014年全国孝文化学术研讨会上从孝文化教育的角度做出分析：孝是"天之经，地之义，民之行"，无论是天子之孝、诸侯之孝、官员之孝、平民之孝，还是小孝、大孝，其实都是单向的，就是要子女对父母尽孝，却从来没有谈到父母亲对子女该做什么。也许在古人看来，父母生养了子女，给了子女无私的爱，这已经足够了，子女应该无条件地感恩、报答。但问题在于，同样是父母，有的培养了优秀的子女，有的却很失败，这会反过来严重影响子女"尽孝"的质量。孩子在小的时候就受到良好的人格教育、智慧教育，那他很可能会出人头地。

可见，孝是一种双向的权利和义务关系。父母能够将子女教育好、培养好，那子女尽孝的质量就高，反之亦然。现实生活中，对那些夫妻冲突、婚床崩裂、情感失衡、放任自流、简单粗暴、教养不当的家庭，首先应该追问：你们究竟给了孩子一个怎样的家？本章拟从家庭孝文化教育的困境谈开去，力求找到一些可资参考的对策。

第一节　家庭教育缺失的表现形式

有人说，任何职业都必须培训上岗，只有家长这个职业不培训却都上岗，堪称"无证上岗"。因此，我们认为家庭教育的第一步应当是规范家长的教育行为，包括规范行为中蕴含的主体、精神、观念和任务，这是家庭教育成败的关键，也是家庭教育成效大小的关键。在现实生活中，不少家庭在这一点上却严重缺失与错位。

一、主体缺失

家庭教育的主体缺失是指"父亲教育行为的缺失"。有一种误解，认为家庭教育是母亲的事，与父亲关系不大。其实，"家庭教育中，母亲像是一条潺潺的溪流，提供无微不至的关怀；父亲则是一座伟岸的高山，那这座'山'的作用有多大呢？有一组数据可以为证：在美国，60%的强奸犯，72%的少年凶杀犯，70%的长期服役犯，90%离家出走的孩子以及75%的吸毒孩子来自无父亲的家庭。"还有人进一步指出，"这并不是耸人听闻，父亲这座'山'能给孩子权威感、约束感和纪律感，没有父亲的孩子缺乏纪律教育和监督机会，所以犯错的概率就比较大"。《三字经》中的"养不教，父之过"告诉人们家庭教育中的父亲不可缺失。从教育学的角度分析，父亲的存在和父爱是孩子成长的助推器。著名心理学家格尔说："父亲的出现是一种独特的存在，对培养孩子有一种特别的力量。"而德国哲学家E·弗罗姆在《爱的艺术》中也同样指出了父亲在教育中的重要作用。他说："父亲虽不能代表自然界，却能代表人类存在的另一极，那就是思想的世界，科学技术的世界，法律和秩序的世界，风纪的世界，阅历和冒险的世界。父亲是孩子的导师之一，他指给孩子通向世界之路。"从教育学的角度分析，父亲的行为对孩子的影响力，主要表现为培养孩子的性格品质、引领孩子走向社会、为孩子性别角色的发展提供样板和促进孩子认知能力的发展。在这些方面，母亲的影响力就不如父亲。

二、追求缺失

追求缺失是指家庭教育中"精神追求的不足"。一个家庭只有物质富裕而缺少了精神富有，是不可想象的。有些家长在家庭教育中更多追求物质的富裕，忽视了精神的富有：在孩子的物质装备上，他们可谓不惜工本，有些甚至砸锅卖铁也心甘情愿；对孩子精神文化内涵上的充实却较少过问。人的一生都是围绕童年展开的，古有"三岁看大，七岁看老"一说。事实上，三岁以前的教育，一年顶十年；十三岁以前，孩子的潜能便已基本定型。换个角度看，童年见识的真、善、美越多，孩子心中的真、善、美越多，他就会越成为一个真、善、美的人。"爱而不教必沦于不肖。"养鱼重在养水，养树重在养根，养人重在养心。如果一个孩子的心在家里面得不到养护，得不到有效的滋养，天赋和聪明就没有基础；智商再高，没有恰当的、相应的心态支撑，天赋很难发挥。因此，我们要让孩子知道，学习对他们来讲很重要，但是做人更重要。

三、观念缺失

这具体反映在"过度教育"和"过度的爱"上，"别让孩子输在起跑线上"这一"拔苗助长"的早教思想开始被竞争的丛林法则所裹挟，加之择校、应试教育的推波助澜，让孩子学习上的成功几乎成了家长唯一的要求，由此忽视了孩子德性的养成与历练，忽视其成功的道德方向，导致社会环境逼家长，家长逼学校，学校逼学生，学生反抗社会的怪圈。"量资循序"方能"优而游之，使自得之"，说的是教育孩子要根据孩子的实际情况按照成长规律施教；为子孙着想，除了要"广置田庐"，还要"教之以义方"。有些家长由于种种原因，自己没有接受较好或者较高的教育，于是将自己的愿望统统押到了孩子的身上。事实上，这样做的后果已经显现：胎儿学习婴儿的东西，婴儿学习幼儿的东西，幼儿学习小学的东西，小学学习中学的东西，中学学习大学的东西，大学则学习幼儿的东西——小孩子的时候，没有功夫玩，到升入大学后，就会痛痛快快地玩。教育是有阶段性的，违背教育规律必定要受到规律惩罚。高尔基曾说"爱孩子，这是母鸡也会做的事"，我们需要的是理智的爱、明智的爱。

四、任务缺失

这反映在"品德养成""沟通交流"上。有些家长认为家庭教育就是让孩子掌握更多的知识。掌握更多的知识没错，但要注意知识掌握过程中的偏差，而最大的偏差就是将分数与知识画等号。有时候，分数与知识可以画等号，有时则未必。品德养成就是教孩子做人。北京师范大学的教授于丹曾说过："我们在今天会经常见到一些学问水平很不错的人，学历文凭拿得很高的人，不一定就有教养，知识跟教养是两码事。"家庭生活中要养成的习惯很多，其中最重要的一环是做父母的要能够以身作则：父母自己喜欢看书，则要求孩子看书，孩子会欣然接受。否则他会说："自己不看书，经常玩麻将，可总要别人整天看书写作业。"其次是沟通交流，也就是要与孩子多沟通、多交流、多修复关系。有的父母常早出晚归，不是很了解孩子在家或在校的情况；只有加强交流，才能增进感情，孩子才愿意与父母亲近。

第二节　家庭教育缺失的原因分析

孝文化所要求的子弟敬重父兄、晚辈善事长辈、兄弟姊妹以及朋友之间的友爱等内容，提倡的是一种社会道德风尚。孝文化讲的是长幼有序和人性博爱，是做人、做事、做学问的根本，是中国传统文化的精髓。但在社会转型期，孝悌关系却变得十分淡薄，子女不孝、兄弟姐妹以及朋友之间不友爱的事情越来越多，其原因主要表现在两大层面。

一、现实生活层面

一是望子成龙导致十大"硬伤"。可以说，中国父母是世界上最望子成龙的父母，但教育方式却成为中国式家长最大的弱点，存在动辄体罚、一味溺爱、物质刺激、只养不教、意见矛盾、期望太高、过度保护、忽视情商、扼杀创新、回避性教育十大"硬伤"。[69]而十大"硬伤"凸显了家庭道德教育的需要。本来,家庭教育应将对孩子的道德教育放在首位,这是一个常识,更是中国数千年传承的家教传统,孝文化便是这一传统结出的硕果。但今天似乎并非如此。天津市曾进行过一项对7~14岁儿童家庭的教育调查,列出了健康、安全、学习成绩、品德、自理能力、兴趣爱好、交友、吃、穿等9项指标,要求家长回答"您平时最关心孩子什么"(选其中三项)。有87.2%的父母选择"学习成绩"为第一位,而最关心孩子"品德"的比它低25.4%。当进一步要求家长对所选的三项内容按重要程度排序时,将品德摆在第一位的仅占全部调查对象的18.1%。[70]北京师范大学的资深教授顾明远分析当前家庭教育中存在的四大认识误区:

1.过早地,不加区分地要求孩子学习知识。儿童的成长具有一定的阶段性,教育超越儿童发展的阶段性,不仅不能促进儿童的成长,反而会损害他的成长。中国人自古就懂得这个道理,即不能"揠苗助长"。

2.只重视孩子知识的增长,忽视人格的培养。现在幼儿园小学化的倾向十分严重,许多家长都要求幼儿园教识字、教数学,不注意对儿童行为习惯和人格品德的养成。其实幼儿时期儿童的可塑性最大,从小培养他们良好的行为习惯和人格品德,他们可以受用一辈子。有的家长说:"为了孩子将来的幸福,只好牺牲他们童年的幸福。"其实,如果缺乏健全的人格,没有了童年的幸福,也不会有将来的幸福。

3.认为学习越多越好、练习越多越好,因此买许多课外辅导材料,上各种补习班,把孩子的所有时间都占据了。其实,学习是有规律的、有方法的。关键是要教会学生如何学习,能够理解学习的基本概念、掌握学习的基本方法,就能举一反三。

4.不知道怎样爱孩子。有的父母对孩子溺爱,满足孩子所有要求,造成孩子以自我为中心的心理;有的父母对孩子过于严厉,甚至施用暴力,自以为是为了孩子,其实这不符合教育规律,容易使孩子形成扭曲的性格,不利于孩子的健康成长。所以,家长要学点教育学,了解儿童、青少年的成长规律,掌握科学的育儿方法,配合学校共同把孩子培养成才。[71]

二是缺少兄弟姐妹间的亲情氛围。独生子女最缺少的还是兄弟姐妹之间的亲情教育氛围，由于孩子从小缺少有兄弟姐妹的亲情生活环境，他们也无从体验孝文化的另一半内涵。即使有些家庭有兄弟姐妹，能够接受到兄弟姐妹亲情教育，但对整个社会来讲，它们数量偏少，对于改变社会成员的孝文化素质作用不大。以独生子女为主体的现代社会成员，因缺少兄弟姐妹间的亲情教育，他们参加工作以后，在社会生活中很难与他人和睦相处，也很难形成团结友爱的品质。

三是社会伦理道德教育不力，负面文化影响大。社会成员的伦理道德水平下降与一个社会的伦理道德教育状况有关。我国多年来一直重视经济建设，而道德教育，特别是家庭的伦理教育几乎被完全忽视了。这是造成社会伦理道德水平下降、孝文化缺失的重要原因，而过去对孝文化的不正确评价和批判也有一定的影响。我们强调：对社会进行改革时，应该采取扬弃方式处理传统文化与现代文化之间的关系，而不是采取全盘抛弃的做法。近年开始出现争论的国学教育问题，其实质是该如何看待传统国学。现代文化的发展离不开对传统国学的继承，现代人如果对传统国学完全不了解，就会失去我们最美好的传统文化。

四是主流文化导向出现偏差。一方面，中小学语文教材，清一色地为"孝顺"增加了页码。我们所学过的课文，有朱自清的《背影》，朱德的《回忆我的母亲》，孟郊的《游子吟》，却没有任何一篇涉及父母应该如何教育孩子的文章，也没有任何一篇用父母眼光去赞叹和欣赏新生命的文章。另一方面，流行歌曲也倾情服务于"孝顺"：在我们所能听到的流行歌里，从《妈妈的吻》到《烛光里的妈妈》；从《世上只有妈妈好》到《母亲》；从《常回家看看》到《一封家书》等，都承载着对父爱母爱的热情歌颂。我们几乎听不到歌颂儿童精彩世界的歌曲。再看影视作品、电视节目，也无一例外地在犯同样的错误。试想，为什么从事文学、艺术创作的人们，不去创作关于儿童精彩世界的作品，呼吁家长去科学地教育和引导子女成长？恐怕是因为我们的文化本身就缺少这个基因，于是作家们的潜意识里，自然不把儿童的世界列为创作的范围。[72]

五是受父母不良行为的影响。父母的不良行为包括语言粗俗、脾气暴躁、习惯龌龊、嗜好不良、好逸恶劳、撒谎自私等，这些不良行为对子女的影响极大。特别是一些父母本身就缺少孝悌品德，不仅对上一代父母不孝，而且与兄弟姐妹关系也不和睦。事实上，孩子无论在哪里，总是离不开父母的影响和父母的教育；父母在餐桌上的一句话，孩子都会看在眼里、记在心上。父母不教育孩子，孩子会变坏；父母用错误的方法教育孩子，孩子则可能变得更坏。总之，孩子的一切毛病、缺点、坏习惯，都可以非常容易地在其父母身上找到根源，子女教育出了问题，父母能找社会、学校算账吗？各人吃饭各人饱，各自子女各自教，天经地义！对此，诺贝尔文学奖得主莫言认为：当务之急不是教育孩子，而是教育父母，没有父母的改变就没有孩子的改变。没有不想学好的孩子，只有不能学好的孩子；没有教育不好的孩子，只有不会教育的父母。因此应该在骂孩子之前先骂自己，在打孩子之前先打自己。这说明孩子从来都不是输在起跑线上，确切点说，要输也是输在父母自己手中，家庭环境中的不良品德对孩子的影响是潜移默化的。[73]

六是既"离不开"又"看不惯"的"隔代抚养"。当今社会，父母自身工作忙，社会缺乏育儿和托幼的公共服务，不得不请老人出山的现象十分突出。而这种"隔代抚养"对孩子有不良影响。学者李亚妮调查了上海的144名大学生，发现从婴幼儿时期就由祖父母抚养的孩子，父母与子代间未能形成强烈的亲子依恋，双方信任不足，亲子冲突时有发生的现象非常突出，不少人认为"隔代抚养"难免教坏子孙。归纳起来，"隔代抚养"有"四宗罪"：其一，孩子耳濡目染老年人的语言和行为，模仿后就会在心理上成人化、老年化；其二，老年人不爱运动，令一起生活的孩子丧失活力，形成孤僻性格，日后易发生社交恐惧；其三，老年人思想固执、偏激、怪异，可能导致孩子发生人生偏离；其四，老年人迁就、溺爱、包办一切，使孩子缺乏独立性和自信心，抗挫折能力差。[74]

七是家庭代际关系失衡。中国当代的许多家庭已由往昔的以孝为本转为以子女为中心，出现"敬老不足，爱幼有余"的倾向，个别家庭甚至存在"爱幼不敬老"的现象。有的人在对待老人方面，缺乏应有的照顾，漠不关心，甚至厌烦、嫌弃，视老人为"累赘"和"负担"，不愿承担赡养义务，"老人只是社会中飘荡的游魂"。尤其在城市中"倒孝"现象十分普遍，啃老、弃老、虐老的行为十分突出。有的子女参加工作后，工资收入全部入私囊，继续吃、喝、用父母的，不仅如此，结婚时还要父母掏腰包，"儿子结婚，老子发昏"是近几年来很流行的一句话。还有的家庭在长、晚辈之间缺乏感情交流，精神赡养的质量偏低。家教是一个家庭的信仰，正确处理家庭代际关系，是父母给孩子的教育和引导，会贯穿我们的生活，影响着每个孩子长大后的处世为人。如果家庭代际关系长期失衡，孩子长大后就会"屋檐水照旧窝窝滴"。[75]

二、从中国传统教育中的消极因素方面分析

第一，专制式的家庭教育制度。"父为子纲"是中国封建社会亲子关系的道德规范。家庭中，一般由辈分最高的男子作为"家长"，拥有全家的经济生活大权，居于支配地位，掌握全家人的命运。因而，传统的家庭教育，就是长辈特别是"家长"对晚辈的教育，"家长"是教育者，晚辈是受教育者，形成"家长"专制的家庭教育制度。这种家庭教育制度，强调子女向父母应尽"孝"，父母特别是"家长"在家庭中具有绝对权威，子女必须绝对服从，没有任何思想自由，否则就是不孝之子。朱熹在《童蒙须知》中认为："凡为人子弟，须要常低首听受，不可妄自议论，长上检查或有过失，不可便自分解。"《弟子规》中认为："父母呼，应勿缓；父母命，行勿懒；父母教，须敬听；父母责，须顺承。"这种家庭教育制度，致使"家长"对子女的教育带有强烈的自我随意性，完全凭自己的意志行事，甚至出现"不打不成材""棍棒之下出孝子"的家庭教育经验总结，完全无视子女的人格和尊严。

第二，以封建"纲常"为中心的家庭教育思想。中国传统家庭教育是在"三纲五常"指导下实施的教育，其教育的思想内容无不带有浓烈的封建主义色彩，如将正常的尊敬长辈的伦理道德绝对化，以孝道立教。这类教育是中国封建社会以家作为天下之本，以小农经济作为社会生活重心的产物。它贯穿于我国传统家庭教育的实施中，将家族利益放在至高无上的地位，将子女视为家庭的私有财产。这种小农意识的思想观念成为家庭教育的指导思想，严重影响了家庭教育的成效。它只能培养谨小慎微、自私狭隘的封闭式人物。

第三，狭隘保守的家庭教育教养方式。中国传统的家庭教育以传统的理想人格模型来养育和引导教育下一代，以"家长"意志为子女规划发展道路。孩子在襁褓之中就被紧绑四肢，以期他们长大成人后能循规蹈矩。在孩子成长过程中往往也以是否顺从、听话衡量好坏，为了使子女听话不出乱子，长辈要么施以严厉的体罚以示训诫，要么给予过多的关爱以示保护，孩子总是在父母的羽翼下生活，按照父母规划的道路成长，导致孩子依赖心理强、独立能力弱，抑制了子女的探究欲及创造性，培养了拘谨、顺从、安分守己的后代。[76]

总之，封建社会文化背景所形成的中国传统家庭教育观念根深蒂固，陈腐的思想观念依然禁锢着人们的头脑，甚至使人们以错误的价值观念来教育子女，成为我们培养人才的障碍。

第三节　正确处理家庭人伦关系

"孝"是传统伦理的核心。传统伦理非常重视家庭的根本作用，和谐的家庭被视为人生的归宿，是普通人生活、奋斗的动力所在，也是孝文化家庭教育成功与否的关键。自古以来，中国人就相当重视伦常关系，常将"伦理"和"道德"并称，似乎不讲家庭伦理的人，其道德亦有所欠缺。朱熹在《白鹿洞书院学规》一开头就揭示"父子有亲，君臣有义，夫妇有别，长幼有序，朋友有信。右五教之目，尧舜使契为司徒，敬敷五教，即此是也，学者学此而已"。《礼记》中有"何谓人义，父慈、子孝、兄良、夫义、妇德、长惠、幼顺、君仁、臣忠，十者谓之十义"。一般说来，"五伦"包含君臣、父子、夫妇、兄弟、朋友五项。就家庭来说，父子、夫妇、兄弟三项是家庭中最基本、最主要的人伦关系。只有认真处理好家庭的人伦关系，家庭教育才能收到事半功倍的良好效果。

一、伦理与五伦

"伦理"一词，《礼记·乐记》是将它与音乐联系在一起的，所谓"乐者，通伦理者也"。郑玄注曰："伦，犹类也；理，分也。"如此的类、分，本是指人高于禽兽、君子区别于众庶而识音知乐的品性，但其"审乐以知政，而治道备矣……知乐则几于礼矣，礼、乐皆得谓之有德"的进一步阐发，就使伦理与以礼为代表的社会政治需要密切联系了起来。那么，以类别或分类来解释伦理，也就自然地过渡到人在社会中的定位和等级的差别了。不过，这种人际的类别区分并不能直接导出不同等级的人们所应遵守的行为规范。哪些规范能最为简明扼要地将人与人之间的关系划分得更为合理并促使人们遵守，是战国时期以孟子为代表的思想家明确揭示出来的。按照孟子的概括，伦理，或者说伦常，是圣人为了解决人民"饱食、暖衣、逸居而无教"以致"近于禽兽"的迫切问题而制定出来的："使契为司徒，教以人伦：父子有亲，君臣有义，夫妇有别，长幼有序，朋友有信。"（《孟子·滕文公上》）是即所谓"五伦"。"五伦"中，严格意义上的家庭伦理是父子（有亲）、夫妇（有别）两项，属于社会伦理一方的也是两项——君臣（有义）和朋友（有信），家庭与社会兼有的为一项——长幼（有序）。家庭的这两项伦理到了后来孔颖达疏解《古文尚书·泰誓下》的"狎侮五常"时，已推演成了父义、母慈、兄友、弟恭、子孝五项，即在形式上五伦已全归于家庭伦常。[77]

二、夫妻关系

按《序卦》之序以及阐发同一思想的《荀子·大略篇》的讲法，夫妇乃是父子、君臣之本。夫义妇顺是儒家处理家庭夫妻关系的基本原则，包括以下三方面的内容：一是伉俪和谐。孔子主张的夫妻关系是"妻子好合，如鼓琴瑟"。传统文化中，夫唱妇随、男耕女织、相敬如宾、琴瑟和谐是夫妻关系的准则。即便是在男尊女卑的大环境下，传统思想中也有不少强调夫妻间要相互尊重，强调丈夫对妻子应该尊重的内容。《礼记·郊特牲》中说，夫对妇要"敬而亲之"。传统文化非常肯定夫妻间忠贞的爱情，而斥责那些忘恩负义的薄幸之徒，史书上记载了宋弘拒绝汉光武帝嫁姊、尉迟恭拒绝唐太宗嫁女的故事，民间广泛流传着包公铡美案的传说，这些都歌颂了夫妻之间忠贞的爱情。二是夫妻要同甘共苦。传统文化认为，夫妻间应相亲相爱，相亲相爱的具体表现就是同甘共苦，共同赡养老人、抚养子女，把家支撑起来。夫妻间要相互关心、帮助和体贴。有了幸福，夫妻共同分享；有了痛苦，夫妻共同承担、共同渡过；有了困难，夫妻共同克服、互相扶持。"妇之于夫，终身以托，甘苦同之，安危与共。故曰：得意一人，失意一人。舍父母兄弟而托终知于我，斯情亦可念也。事父母、奉祭祀、继后世，更其大者矣。有过失宜舍容，不宜辄怒；有不知宜教导，不宜薄待。"[78]三是夫妻间要相敬如宾。要协调好夫妻关系，夫妻双方应相互尊重、忠诚，肩负起对另一方的道德责任，而不能富贵则傲慢、贫贱就轻慢。我国历史上有许多夫妻相敬如宾的例子，最有名的就是汉代梁鸿与孟光的"举案齐眉"的故事，也有朱买臣之妻因买臣贫困而轻慢他的反面例子。

三、父子关系

在日常生活角色中，家庭成员之间，子以母贵、母以子贵，母子相依为命，矛盾冲突较少也容易化解；而父子之间，由于同时也连通着上下等级间的利害关系，故矛盾也远较母子间大。加上女性在古时被限于生养子女，不参与社会、国家的活动，所以从家庭伦理到社会国家伦理的推广，主要就表现在父子而非母子一系。那么，父亲在家庭中，应该怎样尽职尽责呢？文化人类学认为：灵长目的母子核心团体与一个男性——"父亲"——形成永久的结合是人类生活成为可能的首要转变：母亲的伴侣担负起男性的社会角色，如供应养育所需的食物和劳力、肩负起管教子女的权威和对子女的法律责任等。因而，父子关系是随着母子关系的建立而建立的一种血缘人际关系，是最原始的社会关系之一。而随着父子关系的形成，"父亲"与"儿子"的角色也就产生了。角色就意味着相互间的义务与责任。父亲对于儿子，承担着抚养、保障安全、教育及社会化等职责。《礼记》中《昏义》的内容是"夫义妇顺"。"夫义"就是"作丈夫应尽的道义"，简单讲就是"做之君、做之亲、做之师"。做之君，就是要以身作则地带领家里的每一个成员，端正自己，也就是言行、举止都不能偏斜。比如说，如果做丈夫的有不好的习惯：爱赌博，不守时，不振作，经常下班后不按时回家，对家庭疏于沟通、照顾，他就无法成为一个家庭的支撑力量，就无法领导家庭。如果父亲是"做之君"者，那么，这个家庭的成员不但会对爸爸非常尊敬，而且家庭内会长幼有序：子女敬重父亲，妻子以夫为荣。做之亲，是指做父亲的要扮演好两个角色：对上是孝敬的儿子，对下是慈爱的父亲。历史上有名的《颜氏家训》中有"父子之严，不可以狎，骨肉之爱，不可以简"，就是说"身为父亲，以其之严，不该对孩子过分亲昵，要和子女保持一定的距离，以至亲的相爱，也不该不拘礼节。"做父亲的要做家里的领导、表率。身为有管教孩子职责的父亲，就要与孩子保持相当的距离，让孩子对父亲保持敬畏之心。做之师，简单而言，身为父亲要做孩子的老师，当丈夫的要做妻子的老师。学佛的人都知道要"学为人师，行为世范"，同样，作为父亲，在家里言行举止上要做妻子的好榜样，做孩子的好模范。而儿子对于父亲的责任在中国传统社会则集中体现为"孝"。儒家十三经中，专门有《孝经》一部，它所讲述的道理，既是家庭伦理的纲领，也是社会国家伦理的大法。人作为天地父母的产物，应当明白自己所承担的道德责任，做到知天、事天而养性。《中庸》赞许对祖先事业的继承："夫孝者，善继人之志，善述人之事。"而《孝经》则将"立身行道，扬名于后世，以显父母"为孝之终。"夫孝，始于事亲，中于事君，终于立身。"可以说，这也是孝道留给家庭和社会的最宝贵的精神财富。孝在行中，在创造而不在守成，只知守孝而事业无成，使父母不快、门楣无光，这才是最大的不孝。对孝的推广，实际意义正在于以社会伦理引导家庭伦理，使家庭伦理落实于社会伦理。在这里，光宗耀祖的孝道观念本身与懒惰和不履行为父、为子职责的行为是不相容的，不论是为功名、为财富、为名声，它都激励着士子的积极努力。

四、兄弟及类似于兄弟的关系

孟子在阐述人的五伦关系时说"父子有亲，君臣有义，夫妇有别，长幼有叙，朋友有信"。兄友弟恭、长幼有序是处理家庭中兄弟关系的基本原则。兄友弟恭是指在家庭中，哥哥友爱弟弟，弟弟敬爱哥哥。长幼有序是兄友弟恭关系的扩大，是指在乡党社会里处理人与人之间的关系时，也按家庭中的兄友弟恭的关系去处理。长幼有序是一种简便易行的处理人际关系的方法，年幼者敬重年长者，年长者帮助、扶持年幼者，给人一种平等、亲和的感觉。当今社会，家庭中基本上是独生子女，兄弟关系处于空白状态。但现代人还是非常渴望能得到类似于兄弟之间情谊的感情。当年，孔子的学生司马牛向子夏诉说他没有兄弟的苦恼时，子夏说了这样一句很有名的话："敬而无失，与人恭而有礼，四海之内，皆兄弟也。君子何患乎无兄弟？"[79]既然"四海之内皆兄弟"，那就应该将兄弟关系和对待兄弟的方法，推及他人，人与人之间的关系自然就会变得像兄弟一样。在现代社会，不管是对待兄弟还是对待朋友、同事、上下级，如果都能按照兄友弟恭的原则处理人际关系，可以减少许多痛苦。

第四节　家庭孝文化教育的特点

家庭教育发生在家庭之中，与幼儿园、学校教育、社会教育相比，具有以下特点：

一、早期性

苏霍姆林斯基在《育人三部曲》中说，童年时期有谁携手带路，周围的世界就有哪些东西进入了孩子的头脑和心灵。人的性格、思维、语言都在学龄前和学龄初期形成，所以说，家庭是儿童生命的摇篮。朱永新教授也强调家庭是人出生后接受教育的第一个场所，即人生的第一个课堂；家长是儿童的第一任教师，即启蒙之师。所以家长对儿童所施的教育最具有早期性。一般来说，孩子出生后经过3年的发育，进入幼儿期，3～6岁是学龄前期，也就是人们常说的早期教育阶段，这是人身心发展的重要时期。我国有古谚："染于苍则苍，染于黄则黄。"幼儿期是人被熏陶染化的开始，人的许多基本能力如语言表达、基本动作以及某些生活习惯等，是在这个年龄阶段形成的，性格也在这时逐步形成。美国心理学家布鲁姆认为，如果把17岁达到的智力发展水平算作100％，那么4岁时人就达到了50％，4～8岁又增加了30％，8～17岁又获得了20％。可见幼儿5岁前是其智力发展最迅速的时期，也是进行早期智力开发的最佳时期，家长在这个时期所实施的家庭教育，将是孩子早期智力发展的关键。古往今来，许多仁人志士、卓有成就的名人在幼年时期都受到过良好的家庭教育，这是他们日后成才的一个重要原因。例如德国大诗人、剧作家歌德的成才，就得力于家庭的早期教育。歌德刚2~3岁时，父亲就抱他到郊外野游，观察自然，培养他的观察能力。3~4岁时，父亲教他唱歌、背歌谣、讲童话故事，并有意让他在众人面前讲演，培养他的口语能力。这些有意识的教育，使歌德从小乐观向上，乐于思索，善于学习。歌德8岁时能用法、德、英、意大利、拉丁、希腊语阅读各种书籍，14岁能写剧本，25岁时用一个多月的时间写成了闻名于欧洲的小说《少年维特的烦恼》。古时以"父子书法家"著称的王羲之、王献之，有过1350多项发明的大发明家爱迪生，文学巨星郭沫若、茅盾等名人的成长过程，都说明了家庭教育对早期智力开发是十分重要的。法国教育家福禄贝尔说过：推动摇篮的手是推动地球的手。他还说："国家的命运与其说是掌握在当权者的手中，倒不如说是掌握在母亲的手中。"这些话语都很有哲理，深刻地阐明了家长在教育子女中所起到的作用。反之，人在幼年时期得不到良好的家庭教育而影响智力正常发展的事例也不少。据《中国妇女报》披露，我国南京市一姓马的工人因患有精神性心理疾病，生怕孩子受人迫害，将自己的三个子女从小锁在家中，不让他们与外界接触长达十几年，致使这些孩子智力低下、言语迟缓，与同龄人相比，智力及生活能力差异很大，近于白痴。所以，我们不可忽视家庭教育的早期性作用。

二、连续性

孩子出生后，从小到大，几乎三分之二的时间生活在家庭中，朝朝暮暮都在接受着家长的教育。这种教育是在有意和无意、计划和无计划、自觉和不自觉中进行的，不管是以什么方式、在什么时间进行，都是家长以其自身的言行随时随地地教育、影响着子女。这种教育在不停地对孩子的生活习惯、道德品行、谈吐举止等造成影响、给予师范，其潜移默化的作用相当大，伴随着人的一生，可以说是活到老学到老，所以有些教育家又把家长称为终身教师。这种终身性的教育往往反映了一个家庭的家风，家风的好坏往往会影响几代人，甚至十几代、几十代人，而且这种家风往往与家庭成员从事的职业有关，如"杏林世家""梨园之家""教育世家"等。同时家风又反映了一个家庭的学风，学风的好坏往往也会影响几代人、十几代人、几十代人。在中国近代，无锡人严功增补清末《国朝馆选录》，统计自清顺治三年丙戌科至光绪三十年甲辰科的状元共114人，其中父子兄弟叔侄累世科第不绝者不乏：苏州缪、吴、潘三姓，常熟翁、蒋两姓，浙江海宁陈、查两姓，都为世家大户。所以，家庭教育的连续性往往对人才群体的崛起有着重要影响。这种情况，在古、近代比较突出；在当代，随着科学的发展和社会的需求、行业的增多，人们的择业面变宽，一个家庭中的成员不可能都从事同一种工作。但仍能见到这种情况：有些家庭其成员在工作中屡屡因成绩突出而受表彰，而有的家庭其成员中的违法犯罪者接二连三，这些都与家庭教育的连续性有着很大的关系。

三、权威性

家庭教育的权威性是指父母长辈在孩子身上所体现出的权力和威力。家庭的存在，确定了父母子女间的血缘关系、抚养关系、情感关系，子女在伦理道德和物质生活方面对父母长辈有很大的依赖性，而家庭成员在根本利益上的一致性，也决定了父母对子女有较大的制约作用。父母的教育易于被孩子接受和服从，而家长合理地利用这一特点，对孩子的良好品德和正确行为习惯的形成是很有益处的，对于幼儿来说尤其是这样。幼儿在与其他小朋友们玩耍游戏并出现争执时，往往引用父母的话来证实自己的言语行为是对的，如他们喜欢说"我爸爸是这样说的"或"我妈妈是那样做的"等。父母在孩子心目中的权威性决定了孩子会如何看待、接受幼儿园、学校及社会的教育。孩子与父母的关系，是孩子最先面对的一种重要的社会关系。这种关系几乎体现了社会人伦道德的各个方面，如果这种关系中出现裂痕和缺陷，孩子尔后走向社会时，问题在各种人际关系中就会反映出来。强调父母权威的重要，还因为父母在孩子幼年时代始终扮演着双重角色：既是孩子安全生存的保护者，又是他们人生启蒙的向导。父母教育的效果如何，就看父母权威树立的程度如何，但父母权威的树立必须建立在尊重孩子人格的基础上，而不是在封建家长制上。明智的家长懂得权威树立的重要性，更懂得权威的树立不是靠压制、强求、主观臆断，而要采用刚柔相济的方法。父母双方在教育子女的态度上首先要协调一致，其次要相互配合，应宽则宽，应严则严，在孩子面前树立起一个慈祥而威严的形象，使孩子容易接受父母的教育。

四、感染性

父母与孩子之间的血缘关系和亲缘关系的天然性和密切性，使父母的喜怒哀乐对孩子有强烈的感染作用。孩子对父母的言行举止往往能心领神会，以情通情。在处理身边的人与事时，孩子很容易对家长所持的态度产生共鸣：在家长高兴时，孩子也会感到欢乐；在家长表现出烦躁不安和闷闷不乐时，孩子的情绪也容易受影响，即使是幼儿也是如此。如果父母亲缺乏理智而感情用事、脾气暴躁，孩子会盲目地吸收其弱点。家长在处理一些突发事件时，表现得惊恐不安、手足无措，对子女的影响也会不好；家长处变不惊、沉稳坚定，会使子女遇事也沉着冷静，这会对孩子心理品质的培养起到积极的作用。

五、及时性

家庭教育是父母长辈在家庭中对孩子进行的个别教育，比幼儿园、学校教育要及时。于丹教授称家庭教育"是社会化教育的一个平衡器"。常言道：知子莫若父，知女莫若母。家长与孩子朝夕相处，对他们的情况可以说是了如指掌，孩子身上稍有变化，即使是一个眼神、一个微笑都能使父母心领神会，故作为父母，通过孩子的一举一动、一言一行能及时掌握他们的心理状态，发现孩子身上存在的问题，及时教育，及时纠偏，不让问题过夜，使不良行为习惯被消灭在萌芽状态之中。而在幼儿园、学校中，教师面对着几十个孩子，只能针对这个年龄段的孩子进行共性教育，也就是群体教育，因时间及精力所限，不可能照顾到每个孩子的特点，容易出现顾此失彼的现象，甚至因此使孩子因教师的照顾不周而产生不信任感，而家长可以及时引导孩子端正认识。因此，家长对孩子进行正确的家庭教育，既可以使孩子在进入幼儿园之前形成良好的行为习惯，为接受集体教育奠定很好的基础，又可以弥补集体教育的不足。

第五节　家庭孝文化教育的对策

据统计，一个人的成长过程中，家庭教育占70%，学校教育占20%，社会教育占10%。相对于学校教育和社会教育，家庭教育有着明显的重要性。父母作为孩子的第一任老师，对孩子的影响可以贯穿孩子的一生。儒家非常重视子女教育。《三字经》中有"子不教，父之过""爱子不教，犹饥而食之以毒，适所以害之也"，简短的两句话，既道出了中华传统教育的两条基本路径，又阐明了施教者的责任和义务。在转型期的中国，面对"拿什么来教你，我的孩子"这一话题，家长们应当从自我出发，为下一代的成长负起应有的责任。[80]

一、应提高对孝文化教育的认识

百年大计，教育为本。家庭教育是学校教育与社会教育的基础，是学校教育与社会教育的前提、保障。苏联著名教育家瓦·阿·苏霍姆林斯基曾把儿童比作一块大理石。他说，把这块大理石塑造成一座雕像需要六位雕塑家：家庭、学校、儿童所在的集体、儿童本人、书籍、偶然出现的因素。从排列顺序来看，家庭被列在首位，可以看出家庭在塑造儿童的过程中起到了很重要的作用，在这位教育学家心中占据相当高的地位。曾国藩出身于素有良好家风的封建地主家庭，自幼受中国传统儒学的影响，成年后久历宦途，丰富的学识和广博的社会阅历使他深谙家庭教育在个人成长中的重要。历史的经验证明，家庭教育不仅关系到一个人的人生观、世界观的正确树立，也会影响一个人对特殊才能的培养及发展。幼年的高尔基，由于有外祖母这位体现了俄罗斯人美德及智慧的家庭教师的精心培养，知道了很多的民歌、童话、民间故事，帮助其后来成长为闻名世界的伟大作家。因此可以说，父母的文化科学素质好，对孩子的教育教养又得当，这种家庭的子女进步得快。易培根在《浅谈当父母的基本素质》一文中统计"上海某区5所学校的117名'三好学生'中，43.6%出身于知识分子家庭，18%出身于干部家庭。"所以说，家庭教育可以影响人一生的事业成败和所取得成就的大小。积极的、良好的家庭教育，会使人成为社会的有用之才、杰出人才；消极的、失措的家庭教育，会导致人才的受挫以致毁灭，造成无可挽回的损失。

二、应构建良好的家风

家风是一个家庭或家族长期以来形成的能影响家庭成员精神、品德及行为的一种传统风尚和德行传承。家风又称门风，顾名思义，就是一个家庭的风气、风格与风尚，是一个家庭在世代传承中形成的一种较为稳定的道德规范、传统习惯、为人之道、生活作风和生活方式的总和。首先，它体现了道德的力量。家风是一家之魂。注重家风建设是我国历史上众多志士仁人的立家之本，他们在治家方面，留下了许多谆谆教诲。"勿以善小而不为，勿以恶小而为之""一粥一饭，当思来处不易，半丝半缕，恒念物力维艰""非淡泊无以明志，非宁静无以致远""常将有日思无日，莫待无时思有时""莫贪意外之财，莫饮过量之酒"等教子古训至今为世人尊崇，成为传诵久远的名训。历史上的"孟母三迁""岳母刺字"，颜之推的《颜氏家训》，诸葛亮的《诫子书》，周怡的《勉谕儿辈》，朱子的《治家格言》，以及《曾国藩家书》《傅雷家书》等都在民间广为流传，同样展现着良好家风的力量。古代的思想家、政治家都把"家"视为社会的基层组织，认为"天下之本在家"，并有"齐家治国平天下"之说。他们认为："齐家"，就是要家长首先按照伦理标准，修养自己的身心，然后以身作则教育全家人，只要一家人教育好了，推而广之，便可以影响一方、一国，从而实现"国治""天下平"的政治理想。所以好的家风不但对自己有利、对子女和家人有利，同时也逐步影响着大众的道德水平与社会的风气。其次，它在潜移默化中影响着孩子的成长。好的家风有一些共同特点：良好的道德氛围、健康的思想氛围、积极的情感氛围、认真的学习氛围、节俭的生活氛围等。正是这种氛围，造就了一个个身心健康的人、有作为的人乃至对社会有突出贡献的人。家风好才能民风淳、政风清。在市场经济条件下的今天，我国的婚姻家庭领域存在着一些亟待解决的问题：恋爱观上的拜金主义、婚姻中的草结草离、孝亲中的漠视老人，甚至一些有名望和社会地位的人由于不重视家风建设致使自己或子女走上了犯罪道路，教训是沉痛的。它从反面证实了家风建设的重要性。[81]再次，家风建设的关键在家长。传统的中国家庭历来注重门楣家风、庭训家教，重视家风建设亦是历史上众多先贤的立家之本。2015年春节前夕，习近平总书记在新春团拜会上对家庭教育做出重要论述，强调要重视家庭建设，注重家庭、注重家教、注重家风。因为"孩子是看着父母的脊梁骨长大的"。也就是说，家长首先要行得正，不要"将什么精神上、体质上的缺点交给子女"。作为父母，理应重视家风建设。可现在有些人不大重视这件事，要么整天忙于挣钱、应酬，把家事丢在一边，对家庭缺乏应有的责任感；要么一味地溺爱孩子，不重视对他们的品德教育与日常行为养成；要么自身品行形象差，给子女的成长造成负面影响。2015年9月10日被北京市东城区法院以犯开设赌场罪判处有期徒刑5年，并处罚金人民币5万元的网络名人郭美美就是个典型。庭审结束后，有社会学家就郭美美"一个微博几乎摧毁一家百年慈善机构信誉，价值观扭曲、金钱至上、嗜赌成性、生活混乱、极不检点"等行为指出：郭美美是这个时代的怪胎，也是这个时代的异数，如果不改变生成郭美美的环境和土壤，怪胎或异数就会成为常态化的事情。据审理查明：郭美美1991年6月出生在湖南益阳的一个单亲家庭，其父有诈骗前科，母亲长期经营洗浴、桑拿、茶艺等休闲服务，大姨妈曾涉嫌容留他人卖淫被刑事拘留，舅舅曾因贩毒被判刑。对此，不少教育学家认为："成长在这样糟糕的家庭环境，耳濡目染，不变坏的可能性太小。"历史的教训值得注意，家风不正，父母不仅难以培养出德才俱佳的高素质子女，自己的人生也会是残缺的、失败的。如果恶劣的家风出现在领导干部身上，还会影响社会风气，甚至损害党和群众的血肉联系。[82]

三、应处理好错位的家庭关系

长期以来，人们受着一种观念的困扰，那就是"母以子为贵"或"父以子为贵"。这种错位的家庭关系，常常会酿成悲剧：妻子(或丈夫)过度关注孩子，必然忽视自己的伴侣。随着感情的疏远，更多"畸形的爱"被灌注到孩子身上，而且越是感情疏远，这种爱就越带有专属性和专制性，使孩子无法承受。这类看起来住的是同一屋檐下、吃的是一锅饭，但精神上没有走到一起、貌合神离的家庭，夫妻成为实质上的陌生人。于是，父母彼此感情愈疏远，家庭愈不合，子女愈逆反，悲剧被一个循环接一个循环地复制，家庭最终成为一盘无法拯救的败局。婚床破裂，家庭教育就无从谈起。家庭教育的本质是生活教育，一个孩子长大后所具有的生活态度，主要决定于家而非学校。其实，孩子的幸福来自于他们自己内心的感受，他们最希望的是家庭温暖，是父母相爱。夫妻相爱的家庭才是幸福的。在这样的家庭里，孩子才不会被夹在中间，看着父母的脸色行事，谨小慎微、战战兢兢、左右逢源，他的情感、品德和人格才会得到正常的发育。在这种家庭中成长起来的孩子也一定是坚强的，他会具有抵御生活中各种风雨、挫折、不幸与苦难的力量。因为他们知道，家是安全的，家的关怀与包容，可以使一切创伤得到弥合、得到修复。所以，夫妻应当精心编织充满彼此爱意的家巢，在这样的家巢里，孩子自然会沐浴在幸福之中。[83]

四、应遵循家庭教育的循环规律

一个家庭在教育上最好的状态，不是长辈对晚辈施以言语或行动的训教，而是家庭中的循环教育。从这个意义上讲，家庭教育是随时随地都在发生的。好的家庭教育是什么呢？是父母，甚至是祖母祖父都在随着孩子与时俱进、一起成长。苏霍姆林斯基曾说过："童年时代，一天犹如一年。要进入童年这个神秘之宫，就必须在某种程度上变成一个孩子。只有这样，孩子们才不会把您当成一个偶然闯进他们那个童话世界之门的人。"这段话其实也是说：培育孩子，是父母再次成长的一个过程。好父母不应把教育孩子当作是枯燥的责任和义务，而应当作是自己人生的一种乐趣、一种享受、一种富足，只有享受教育的人，才能演绎教育的精彩。

家庭教育是循环教育，它有长辈对晚辈的教育，也有晚辈对长辈的教育：晚辈处于一个互联网的时代，一个超音速的时代，他们在说他们自己的语言，有他们自己的游戏方式。他们不应仅仅承载大人的斥责，被说成"现在的孩子没出息""一代不如一代"，这只会形成逆反。为什么长辈不能向晚辈学习呢？所以，家庭教育中很重要的一个元素是长辈向晚辈学习，学习是一种开放的态度，一种成长的生命状态，让这个家庭保持一种蓬勃新鲜。大家一起去淘气，一起去玩一个游戏，一起去郊游，或者一起完成一次颠覆性的行动。这样的DIY行为，让全家一起其乐融融的行为，也许最后创造不了什么具体价值，但是家人会享受这个过程。态度的建立永远是一个家庭中最重要的东西。爱是一种态度，融合是一种态度，平等和尊重也是一种态度。做家长的人应该心怀敬畏，不轻易地斥责孩子："你这叫瞎说，我过的桥比你走的路都多。"赶紧停下这种愚蠢的行为！我们到底有多少自信敢轻易地对孩子说这句话呢？有的时候我们因为不懂而粗暴，有时候我们因为学习而谦卑。所以，家庭教育是一个生生不息的载体，它使家里的每个人拥有自信，拥有从容，拥有成长，拥有面对未来的态度。[84]

五、应明确孝文化教育的内容

朱永新教授指出：所有的孩子来到这个世界上都有他存在的理由，所有的孩子都是不一样的。然而，现在我们的教育用同一个标准，即哈佛的标准、北大的标准，亦即分数的标准衡量他们，这个方向就错了。应该让孩子成为最好的自己，只有成为他自己，他才能生活得幸福，他的潜能才能得到发挥。

首先，要因材施教、扬长避短，建立一个让孩子能充分发挥想象力和找到自信的地方。学校教育、社会教育，都只能从学科出发，从知识出发去进行一种对象化的教授。而只有在家里，每个家长才真正知道自己的孩子究竟喜欢什么，知道自己的孩子的长项短项都在哪里。可以说，个体差异有的是先天的气质，有的是后天的习惯，其间有天渊之别。偏科的孩子一定不是好孩子吗？我们今天需要的人才是什么样的？盲目信任专业化教育，有的时候会把一个天才教成庸才。从某种意义上讲，每个来到世界上的孩子都是一个天才，他带着他的奇思妙想。但是他的想象力受到过鼓励吗？他的兴趣受到过尊重吗？他个人的潜能被敏锐地发现了吗？这一切的责任在他的父母！指望着老师从一个班30、40个孩子中去发现、捕捉和鼓励每个孩子不可替代的优点，这几乎是一种奢望，再好的班主任也做不到。但是每个家长面对自己的孩子时，都有理由把他当成世界上唯一的孩子，他的气质、他的兴趣都可能是独一无二的，这一点是家庭教育的优势。我们不见得必须要求孩子每一门功课的成绩都高于平均分，你可以去发掘他与众不同的独特之处，因材施教、扬长避短。从这一意义出发，家庭教育与社会教育形成的平衡系统才能真正塑造一个健全的人。[85]

其次，要加强对子女的"爱"的品质教育。"爱"是人的本质，一个人如果不会"爱"，那么也就不会有任何仁义孝悌之心。而孝悌则是"爱"的延伸，是对"爱"的反映。"爱"是人类最基本的感情，是一切道德的基础。而"孝悌"与"爱"几乎不可分割。人从小接受父母之爱，从而形成对父母的敬孝之心、对兄弟姐妹的相亲相爱的骨肉之情。正是因为从小接受父母养育之恩以及天地万物的滋养，人类才能生存在世间；若不懂得知恩报恩、向父母敬献孝心，等同枉此人生。在培养孩子"爱"心的同时，要让他们懂得作为儿女尽孝要早，不论巨细，都要保证对父母和长辈尽孝，都要与兄弟姐妹亲爱。"孝悌"最深刻的内涵就是长幼有序和人性博爱。

最后，是要认真灌输孝文化知识。"孝"的涵义就是"养老、敬老、尊老、亲老、送老""生，事之以礼；死，葬之以礼，祭之以礼。"悌有着"兄爱、弟敬"的内涵，是对同辈血亲之权利和义务的规定。"尚德修身"，要教育孩子在家庭里对父母尽伦尽孝、对兄弟姐妹亲爱和睦，进而较好地待人、处事、接物，在社会上履行一个人应该履行的义务，成为于家于国有用的人。归根结底，能对国人的道德规范产生重大影响和制约的仍然是孝文化。孝文化蕴涵了传统中国人的心理、品质、价值取向、思想观念以及行为方式，深刻地影响着我国几千年的政治、经济、文化和社会生活。因此，要倡导社会主义新道德，就必须让人们充分认识并理解传统的道德思想与现代道德思想的承继关系，而孝文化与现代社会所提倡的尊老爱幼、团结协作的精神在本质上是一致的。最后，是要有针对性地鼓励孩子多参加孝文化实践。孝心不是口号，不能只停留在口头上，使孝心内化为孩子的自觉行动，需要一个过程。要让孩子从身边的小事做起，给父母倒杯水、洗洗袜子、捶捶背，在父母生日时送一件自己亲手制作的贺卡或小礼物，经常与父母聊聊天等，使之心中有父母，让他们从小就形成孝悌思想观念，形成完善而良好的健康人格，形成主动践行孝悌道德的自觉习惯。

第九章　高校孝文化教育研究探析

作为教书育人的重要阵地，高校的孝文化教育发展水平，直接决定其德育水平。随着经济发展、社会转型，文化多元化、价值取向多样化的凸显，大学生的社会责任感缺失、生命意识淡薄、道德滑坡和大学教师的师德师风下滑等几大问题日趋凸显，严重地阻碍了大学生综合素质的提高，为社会和谐发展埋下了隐患，无情地考验着校方的管理能力和发展能力。如何将孝文化引进大学校园，让孝的种子在他们心里深深扎根，引导学生扣好人生第一粒扣子？本章从生命意识、道德底线和师德师风三方面切入，提出相应的孝道教育建议，以期能为大学生的思想道德建设提供一些借鉴。

第一节　关于生命意识的教育研究

近几年来，大学生自杀和杀人事件频发，无情地冲击着每个被涉及的家庭对生活意义的认识和对未来的希望，带给家人刻骨铭心的伤痛。自杀研究专家发现：一个人的自杀还会给与自杀者有密切关系的五至七个人带来终身的生活阴影，以及无尽的愧疚和自责。大千世界，生生不息，每一个生命都有其存在的价值和意义。作为培育祖国未来接班人的教育高地，高校的生命意义教育不可漠视。所以，高校应坚持以学生为本，真正肩负起培养人才的重任，从根本上反思大学生生命教育的价值，正视生命教育缺失的严重性，努力探寻开展生命教育的有效途径，促进大学生生命教育的蓬勃发展。

一、孝文化与生命意识的关系简述

大学生自杀对其父母来说是最大的不孝，而其极端不孝的行为与孝文化生命意识的缺失有着内在联系。对于这一现象，除对个人、家庭、学校和社会四要素的分析外，决不能忽视它是一个严重的社会伦理问题，反映了大学生对孝道思想中的生命意识的缺失。

生命的概念，基本可以分为力量说和过程说两类：

（一）力量说

采取此观点的研究者们认为，生命不是被评判的价值对象，而是一种有待展开的人性力量。叔本华将生命的本质视为力量的冲动，认为力量就是生命意志，是生命克服一切阻力、保存自我、努力向上的一种力。尼采将生命归结为强力意志。蒂里希认为，力量是"生命在自我超越的运动中，克服内外阻力的那么一种自我肯定"。柏格森则将这种力量发挥到了极致，他从生物进化论出发，认为生命是一种向上的冲动，生命的本质是创造，而且这股"生命之流"绵延向前，无始无终，构成了世界。生命并非一个确定的"物"，而是一种永恒的力量，这种力量就是绵延、就是创造。雅斯贝尔斯认为，不应当把人作为一个单纯的存在物来描述，而应把其作为精神、作为超出主体和个体的力量去理解。

（二）过程说

在力量说的基础上，一些研究者更致力于研究生命力量的外在表现形式，也就是生命展现的过程。狄尔泰从社会历史的角度出发，认为人的生命不仅是生物学上的事实，更是在其复杂性中所体验到的人的生活。在这种生活中，人不仅仅是理性的存在，更是理性、情感、意志的统一体。人不仅从内向外、从主体到客体单向把握"物理世界这个大文本"，而且要"返身走向自我认识"，走一条"由外向内的理解之路"。在此基础上，狄尔泰将生命看作一种"生命—表达—理解"的循环过程，在以认识人的世界、理解人的世界为目标的过程中，显现出生命的内在力量。还有的学者从发生学的角度，认为生命是一种从强烈的追寻自己存在的"生的冲动"——寻求生命的自我确认和生命表达方式的"意识的生命"——自觉的生命体验和生命确认的"自觉的生命展现"的过程。[86]

生命意识，就是意识到自己生命的存在，意识到他人生命的存在，意识到世界上的一切生命的存在，以及种种生命间的错综复杂的联系和关系。[87]换句话说，人是社会的存在，忽视社会生命对人的自然和精神生命的某种决定作用，就不可能正确认识自然生命的本能的冲动和释放，不能正确认识人的自由。只有意识到社会生命，才能开掘、充实和引领自己的自然生命和精神生命。自然生命、精神生命、社会生命是生命整体的三维，每一维都是全息的，他们互相关联、影响、包容和嵌套，共同构成人的完满生命。[88]

生命意识是儒家孝道思想的本质。在以儒家孝文化为主导的中华民族的人文精神和道德传统中，孝道思想不仅表现为一种家庭伦理思想，同时也体现出人类对于自身生命的关怀，它是人类所特有的一种生命价值观，是人类追求生命永恒的一种体现。孝道中的祭祀祖先是对生命的追思意识，孝养父母是对生命的爱敬意识，生儿育女以期传宗接代是对生命的延伸意识。[89]

从生命自身的发展层次来看，生命包括自然生命、价值生命、智慧生命、超越生命四个不可分割的组成部分，四种生命有机融合，以提升个体生命为基本追求。自然生命不仅仅是肉体的固定组成、自然自在的顺序发展和本能冲动的任意释放，更是能够意识到自身生命的存在和发展，并能对其做出自主的选择。因此，它不仅是人的现存的自在之有，还是主观形态中的自由。价值生命是人在由种生命向类生命的进化中，扬弃了自然生命的自在性，超越了精神生命的内在性和主观性而获得的一种新的个体性的生命形式，是真、善、美三种内在生命尺度的完整统一。智慧生命是指对于人及其行为、思想以及与其存在相关的环境及事物、现象进行反思、探究，从而使人类的认识更加明晰、正确、深刻，使人的精神更加健康、完满、崇高的一种生命存在状态。作为一种特殊的生命存在，人总是不满足于对现实世界的追求，在不停地寻求着对已有本我的无限超越，追求有限性的不断突破，以寻求更深的意义和价值。这就是超越生命，亦即蒂里希所说的"终极关怀"。[90]

对生命的"终极关怀"并不是什么悲天悯人的道德完善，也不是居高临下的施舍，它是生命对生命的平等的尊重和深切的关怀，所以现代社会人类心灵世界的重建应当从关注生存、关爱生命开始，而在我国这样一个关注"生"的传统源于古老的《周易》。《周易·系辞传》说"天地之大德曰生""生生之谓易"。天地之大德即自然界的内在价值，自然界的内在价值即"生"。"生"，有发生、生成、变化之意，"生生"更有不断生成变化、永不停息之意。因此，自然，既是一切生命存在的本然状态，也是万事万物生成的内在动力、生命的创造之源。自然是生命存在的方式，我们要按照生命本身的节奏去生存，要用爱、用感激、用赞美的心情去生活，去善待我们生活中的每一个人乃至每一个生命。

我们处理各种各样的人际关系，也要从善待生命开始。第一，对孩子来说，最重要的是尊重。孩子不是我们的所有物，而是平等交往的主体，最重要的就是尊重他们。第二，对老人来说，最重要的是贴心。赡养老人不仅是养身，更重要的是养心。第三，对丈夫或妻子来说，最重要的是理解。第四，对领导来说，最重要的是支持。有人说得好，"你看月亮是一则神话，我看月亮是一脸麻子"，同一个问题，每个人的看法都会不一样，领导班子做出的决策不可能对谁都有利，我们不能只顾自身利益，而应顾全大局给予支持。第五，对朋友来说，最重要的是鼓励。"人"字的内涵就是互相支撑，只要是朋友就应该共同进步，鼓励是进步的动力。人际关系的和谐是我们获得自由的社会基础，而善待生命又是和谐生成的历史起点。[91]

孝是一种生命意识，其核心是关注生命、善待生命。孝所指向的不仅是个体生命的存在，而且是人类家族大生命系统的存在，包括生命的过去、现在和未来。具体而言，就是面向过去的生命追述，面向现在的生命关怀和面向未来的生命传承，是追求人类生命的永恒与不朽。可以说孝的本质就是生命论，它首先表现为对生命生生不息的肯定和对血缘关系的眷恋。珍惜生命首先要珍惜自己的身体，因为自己的身体是父母给的，也是父母、祖宗生命的延续，同时也是开启家族生命的基础。《孝经》中说"身体发肤，受之父母，不敢毁伤，孝之始也"，直接将孝道的发端与人的生命体的产生相联系，告诫人们要珍惜生命。大学生没有孝的观念，不懂得孝的实质，就容易缺失生命意识。大学生正是认为自己的生命属于自己，与家人周围的人没关系，把自己的生命当作纯粹的自然性生理生命对待，觉得自己可以随意处置，方上演了一个又一个"白发人送黑发人"的不孝悲剧。[92]

孝感学院文学与新闻传播学院副研究员李道友、教授周水涛曾撰文指出："孝"的观念，来源于人类最基本的生命活动——生命的产生和延续。"生我者父母"道出了是父母给予了自己生命这一最朴素的事实，作为获得此恩泽的后人，理应知恩怀德回报先人，"孝"的观念便由此产生。所以，"孝道"是中国古人对人的生命活动的自觉意识的体现。动物都有生命活动，不过那只是一种本能，而有了孝道观念的古人，却常常试图证明行孝也是动物的天性，是符合天地自然的，以为孝道寻找到理论依据。所谓"慈乌有反哺之恩，羔羊有跪乳之义"，就是在告诫人们如果不行孝，那就不如畜生，不配成为天地中的一员。为了提倡孝道，古人明言"知为人子者，然后可以为人"，意思是说懂得自己作为"人子"应尽的孝道，那才谈得上是一个真正的人，才算是一个具有人性的人。中国古人认为人和动物的区别，最为重要的不仅在生理上，更在心智上：只有具有人特有的社会意识和情感，才算真正区别于禽兽、具有人性。因此，能不能理解孝道、实施孝道，成为衡量一个人人性天良的标尺。弑父、杀母完全是一种丧尽人伦、灭绝人性、连禽兽也不如的行为。[93]

二、大学生生命意识缺失的表现

当代大学生生命意识缺失的形式多种多样，归纳起来主要表现在以下几个方面：

（一）青春期的心理危机和个体意义感消失

大学生虽然具有丰富的知识和较强的逻辑思维能力，但从心理学上讲，他们处于人生的心理急剧变化期，心理学家称之为"心理断乳期""精神饥饿期"。进入21世纪后，我国的社会情况发生了巨大的变化，随着社会转型期的到来，社会竞争加剧，人们感到了前所未有的生存压力，物质至上和激烈竞争所带来的精神危机正以空前的态势一步步地逼近和渗入我们的校园生活，必然给大学生带来冲击和震撼。经济、社会、科技的发展，使大学生面临前所未有的发展机遇，亦使大学生陷入前所未有的生命困境。

（二）生命成就感缺失

科学技术的迅猛发展，极大地丰富和拓展了大学生的生活空间和领域，提高了他们的生活质量，但同时也使"自我"在汲取知识、运用技术面前被忽视了。在他们追求物质财富、技术力量、科学知识的同时，这些东西作为追求的目标，也象征了生活的目的和生命的意义。不同于物质的日益丰富，大学生们对为什么活着、怎样活着等涉及生命本质的问题缺乏深刻了解和认识。面对这些生存环境上的复杂而深刻的变化，大学生难以对生命价值和生活意义进行正确把握和选择。

（三）对生存的意义和生命价值产生怀疑

考上大学之时，大学生们或许是同龄人中的佼佼者，或许是村里的骄傲。可进入大学后，校园里人才济济、精英辈出，他们只是普通的一员，强烈的心理落差让他们不得不质疑自己存在的价值。有的大学生无法摆正心态正视现实，稍遇挫折就轻言放弃、否定自己，如此脆弱怎能体会风雨过后是彩虹的那份惊喜，怎能感受到生命的绚烂多姿？

三、大学生生命意识缺失的原因

大学生的自杀和杀人事件，反映了他们对生命的漠视，以及他们对生命、生活的错误态度。大学生伤害别人性命或轻视自己生命的原因是多方面的，其中既有教育本身的原因，更有家庭、学校、社会和大学生自身的原因。要实现使大学生全面发展的目标，必须正确分析致使大学生生命意识缺失的原因。

（一）教育错位导致人文教育缺失

一方面，有些大学生的家庭环境不和谐：家庭是每个人成长的第一环境，父母是子女的第一任老师，与个人的成长最为密切，因而大学生生命意识的形成与其所在的家庭环境有着密切的关系。有些大学生生长在单亲家庭或父母几近离异的不和睦家庭，在成长过程中有不愉快的经历，进而形成自卑、孤僻的性格，遇到挫折时容易自暴自弃、消极面对人生。另一方面，高校对生命教育重视程度不够：首先，高校教育依循传统教育，对于学业教育比较重视，但缺乏对生命意识等人文意识的教育。长期以来，学生不是学习的主人，而是被动学习的工具，他们以书本知识为生活的中心，考好成绩成为他们追求的唯一目标，自然会对于生活目的和生命的意义感到迷茫。第二，缺乏有效的理论指导。高校教育体系中还没有系统的生命教育课程，关于生命教育的知识，仅仅局限在部分专业课或思想政治课上进行讲授，没有具体的针对性，而思想政治课的教学内容理论性比较强，少有具体案例分析，论述枯燥乏味，缺乏时代感和时效性。第三，缺乏专业教师。由于教学任务繁重，各学科的专业课老师往往只注重于教授专业知识，而思想政治课的教育往往采用灌输方式，没有注重学生的思想需求和个性特征，因而不能进行针对性的解惑、疏导。最后，很多高校设置了心理咨询室，但到此咨询的大学生却很少。他们即使遇到心理问题，想要寻求解决，也会因各种各样的原因而不好意思去寻求帮助。高校生命教育的缺失，使得学生只关心自己的实际利益，却忽视了对生命价值、生命意义、生命尊严的思考。[94]

（二）不良环境消解了思想道德教育的功效

近几年来，社会上出现了一股庸俗、低俗、媚俗之风，如"艳照门""日记门""人体私拍"等，集中反映了社会道德的失范、职业道德的颓废、家庭道德的嬗变和传统道德规范濒临崩溃，个人主义、拜金主义、享乐主义和奢靡之风滋生蔓延，假冒伪劣、权钱交易、贪污腐败、尔虞我诈泛滥，社会诚信日益缺失。这些丑恶的社会现象冲淡了大学生思想政治教育的说服力和吸引力，致使大学生的理想信念模糊、人生观和价值观扭曲。2010年9月1日上午，《百家讲坛》著名主讲人钱文忠教授走进太原第一监狱宣讲《弟子规》时说，前段时间，全国各大高校发起了阅读、观看经典作品的活动，并对大学生进行问卷调查。看过《白毛女》后，40多位女大学生在问卷调查中表示，想不通为什么喜儿不嫁给黄世仁。她们认为大春除了年轻之外，没钱没房没车，像个盲流一样，而黄世仁无非就是岁数大一点。这一现象应该引起我们的警惕，大学生处于人生的黄金时期，其思想活跃、敏捷，情感脆弱、多变，易受外界的影响，在这样的社会环境下，他们的思想和心理都受到了不同程度的熏染，他们的世界观、人生观和价值观偏离了正确的轨道。

（三）人格缺陷引发不良行为

当代大学生出生在20世纪90年代，大部分都是独生子女，从小受到父母和亲人的溺爱，在心目中形成了以自我为中心的意识，凡事根据自己的好恶、得失、感受来判断和处理，很少顾及别人的感受和利益。一旦自己的感情和利益受到质疑、挑战、威胁，就会采取极端的行为进行报复。尤其是进入大学校园后，这些独生子女大学生聚集在一起，他们原是家庭的太阳、学校的骄傲、老师眼中的栋梁、他人心目中的佼佼者，固有的思维模式和处事方式仍然在发挥着作用，各自都把自己当作太阳看待，仍把自己作为中心来判断和处理问题，彼此之间缺乏真诚、宽容和友爱，一旦遇到矛盾、问题和挫折，就会用偏激的言语和极端的行为相对，导致一些不良行为和伤害事件发生。[95]

四、大学生生命意识的培育路径

"生命教育"是教育的基点。"生从何来，死往何去"，生死问题一直是人类千百年来不断追求、探索的谜。而对生死问题的科学探索却是始于现代。美国最先兴起死亡学研究，20世纪20年代，美国学者就开始探索有关死亡的主题教育。从世界范围来看，20世纪下半叶以来一些国家开始明确提出生命教育和敬畏生命的道德教育。美国的杰·唐娜·华特士于1968年第一个倡导和践行了生命教育；澳洲于1979年成立了"生命教育中心"，明确提出"生命教育"的概念；日本于1989年明确提出以尊重人的精神和对生命的敬畏之观念来定位道德教育目标；乌克兰于2001年开始开设生命科学基础课。

在我国，台湾地区在这一方向上前进速度较快。20世纪末，我国台湾的教育界将死亡教育和生死教育引入孝文化体系并予以整合，称为生命教育。它的主旨是：阐释生命的可贵及生命应有的尊严。近年来，生命教育逐渐受到我国各类学校的关注，少数高校正在推行这种教育。高校生命教育是帮助大学生认识生命、珍惜生命、尊重生命、热爱生命、提高生存技能和生命质量的一种教育活动，它最重要的目的就是培养、发展、提升大学生的生命意识和价值教育水平。这符合儒家孝道思想的生命意识的本质，故应把孝道教育纳入生命教育体系，在大学生中倡导孝道。在高校开展以孝为内容的生命教育，让大学生把孝作为一种朴素的人生信条，就会帮助他们树立既珍惜自己生命，也尊重他人生命的意识。

　　教育的起点是人的生命，这是生命赋予教育的最基本意义。然而，从不同的角度，却有着不同的起点说。从整体抽象意义上看，教育与生命是同源共生的关系，人的完整生命是教育的起点。在这种完整性中，生命的自然特性决定了教育"何为"的界限，而生命的超越性又为教育"为何"留下了大有作为的空间。与此相同，有的学者认为"内在于人并能为人所意识、所体验的人自身本质力量"，即是人的自觉自为的生命，教育应当以此为起点。还有的学者认为，教育应当坚持生命优先的原则，以人的原始生命力为最根本的出发点。从生命的具体性意义看，身体之在的正当性应成为我们重新审定全面发展教育的起点，"从感觉崇拜到身体崇拜，构成了现代主义向后现代主义的发展逻辑，身体成为在体论和认识论的关注焦点"。我们应从生命的不同特性出发确立教育的起点。有的学者从生命的有限性出发，认为教育的起点应当是"活在当下的人"。颇受众多大学生尊重的张春香指出，生命智慧之根在哲学，中国传统智慧之根在中国传统的生存哲学。课堂上，他从人的自然属性、社会属性、理想属性讲到人生存的三个层次：一是要活着，二是要像人一样活着，三是要活得更有价值和意义。他认为，从哲学角度讲，"生存"指"生成着的存在"。因此，人的存在总是面向未来生成的，不会停留于某一确定的现成状态。我们看待任何事物都应该有这样一种生成性的思维方式，才能不断地挑战自我，不断刷新自己的人生，人生的价值和意义才会突显。[96]教育要关注人的当下的生活，以帮助个体达到对生命的有限性的克服。当下，生命教育众说纷纭，在目的上各有侧重，但这种教育的价值观还是得到了普遍认同。狄尔泰等哲学家将生命意义感的获得作为生命的价值追求，并将这种思想渗透到教育之中。"生命也许会执着于生命本身，但是更应该执着于生命的意义。"

意义感是生命本性得以确证与实现的感受，是生命本性的体现、生命力量的焕发所得到的感受，是生命世界与生命个体的共鸣共振所产生的感受。教育的价值就在于让人寻求并体验这种感受。教育能够透过、撕开遮蔽在现实上的"覆盖层"，"在黑暗中空虚时找到一块从前的人们无法知道的、能有效地遮住阳光的地方"。通过对束缚的穿越，个体逐渐领悟到生命沉淀的精华。[97]

生命教育有广义和狭义之分。狭义的生命教育是一种具体的教育,更加关注实践层面和操作方法。在此，我们以生命教育为题，集中在实践层面进行探讨：

一、引导大学生正确认识生命的意义，升华生命价值

"生命"本身就意味着人的感觉、享受、激情以及甜酸苦辣、悲喜爱恨、束缚舒展、自在自由。生命的感受中有能动、衰败中有新生、释放中有实现，一切都在矛盾中、在张力中展开。这就是生命之"生"，同时也是生命之"命"。[98]我们要让学生通过认识生命的起源、发展和终结，从而认识生命、理解生命、欣赏生命、尊重生命、珍惜生命，建立起乐观、积极的人生观和价值观，促进生理、心理和社会适应能力的全面均衡发展。著名哲学家蒂里希指出："作为精神而完成的生命，既包容着真理，又包容着激情。既包容着屈服，又包容着力比多。既包容着正义，又包容着强力意志。假如这些两方之中的一方被其相关者所吸收，剩下的要么是抽象的法则，要么便是混沌的运动。"事实上，人的生命意义就在于追求更加广阔的生命理想和人生境界，以达到真善美的和谐统一，从而为人类的全部思想和行为提供最高的支撑点，即人类的安身立命之本。生命是生活世界的生命。以学校为空间范围的教育世界，也与生活世界有着天然的、不可分割的联系。高等教育要使大学生正确认识、热爱生活世界，成为生活世界中的人。帮助受教育者由自然生物生命转化为社会意义生命，由低层次的意义生命转化为高层次的意义生命，逐步促使个体社会化、形成健康的生命个性是当代大学教育的重要使命。

二、激发大学生的生命价值

以思想政治理论课为主渠道，构建生命化的课堂，开发课堂潜能，激发大学生的生命价值，是大学教育的另一个重要任务。生命教育作为一种学校教育的重要形态，其载体主要是课程。生命教育课程集中体现了其教育目标和教育方法的有机统一。目前，我国绝大多数高校的德育课、思想政治理论课教材都没有把生命教育专列为一章的内容，详细地加以阐述，思想政治理论课教师也很少关注这方面的内容。因此，我们建议把生命教育课程纳入大学教育计划，更多地关注学生个体的生存与发展，培养学生的生命意识。在生命教育课程中应以大学生个体的生命价值为出发点，以培养健全的生命意识为核心，以养成良好的、珍惜生命的行为为目标。让学生珍惜自己的生命价值，懂得如何最大限度地发掘这种价值，进而珍爱他人的生命；以爱待人，追求智慧与道德，积极献身于劳动和创造，回报世界，奉献他人，达到超越生命的最高境界。

三、培养大学生的生命情感

大学应开展丰富多彩的校园文化活动及社会实践活动，让大学生在活动中体验生存，培养生命情感。生命教育的目的，就是让个体在受教育过程中，不仅学到生命所需的知识技能，更能拥有丰富的生命涵养，能够与他人、社会和自然建立良好的互动关系。生命视野下的教育方法，并不完全排斥传统，但更加强调生命哲学的方法论在教育学范畴的运用，如直觉体验、陶冶、交往等，这与教育的"返魅"直接相关。因此，应通过形式多样的校园课外活动，让大学生在实践中掌握生命知识，形成正确的生命态度、生命意识。所以，高校可以通过营造良好的校园环境，引导学生树立积极健康的科学生命观，为学生的不良情绪提供健康合理的情绪宣泄渠道，避免破坏性事件的爆发；为大学生的社会行为创造成功的机会，减缓其遭受挫折而生发的内心冲突；培养大学生产生有效的心理防御机制，帮助他们学会如何保护自己和他人；引导大学生认识生命负面状态所蕴含的积极意义（譬如引导其学会苦中寻乐），帮助他们在痛苦中努力寻求独特的生命意义与价值，使其重新发现和体会生命的美好，坚强地生活下去。

四、建立有效的预警干预机制

大学应积极发挥高校辅导员的作用，建立积极有效的预警干预机制。高校辅导员与学生朝夕相处，是最了解学生个体实际情况的群体。辅导员要经常和学生谈心交流，及时有效地解决学生在学业、人际关系、经济和就业等各方面出现的心理问题和矛盾，缓解他们的心理压力，将自杀等念头消灭于萌芽状态。大学应通过为大学生建立心理健康档案，形成集普查、咨询、跟踪、干预调节为一体的心理健康预警干预机制，时刻掌握学生心理上的变化，以便采取积极的应对措施。

五、创造良好的生命价值教育环境

我们还应整合学校、家庭和社会三者的教育职能，为大学生创造良好的生命价值教育环境。生命是整体的、完整的，生命教育的实施不能只限于学校，家庭日常生活中处处蕴含着生命教育因素，整个社会环境既是学生学习的大环境，也是最好的生命教育教材。生命教育是一项复杂的系统工程，想取得满意的效果需要有良好的学校教育、融洽的家庭关系、和睦的邻里交往和积极向上的社会风气等。为了给大学生创造良好的生命价值教育情境，学校、家庭、社会三者应该整合教育职能，求得多方支持、配合，才能达到理想的效果。

现代社会以人为本，给生命以理性的终极关怀，是世界发展的潮流。高校肩负着为我国构建和谐社会培养人才的重任，我们必须从根本上反思高校生命教育价值凸显和生命教育缺失的矛盾，努力探寻开展生命教育的有效途径，促进高校生命教育的蓬勃发展。[99]

第二节　关于道德底线的教育研究

当代大学生属于社会成员中的"精英"群体。他们接受大学校园人文环境的熏陶，具备相对广泛的历史、文化和社会知识背景，可以说他们的道德水平是社会道德底线的晴雨表。从总体来看，绝大多数学生的思想道德是积极、健康、向上的。但由于多种因素的影响，部分大学生的基础道德观发生了扭曲、错位或颠倒，有些行为甚至破坏了起码的道德底线。所以，大学生道德底线教育任重道远，各类高校应对其高度重视，通过强化教育，不断提升大学生的综合素质，使其成为中国特色社会主义事业的建设者和接班人。

一、道德底线纵横说

要理清道德底线的含义，首先还得从道德说起。"道德"二字可以追溯到先秦思想家老子所著的《道德经》，老子认为："道生之，德畜之，物形之，器成之。是以万物莫不尊道而贵德。道之尊，德之贵，夫莫之命而常自然。"其中的"道"，指自然运行与人世共通的真理；而"德"，指人世间的德性、品行、王道。主观唯心主义认为道德是人"内心"的自我表现，是人的"善良意志"。德国思想家康德认为，道德是一种实践理性的命令，他把道德原则确立在道德的形而上上，提倡意志自由和自律的道德。客观唯心主义把道德的根源归结为"上帝的意志"。古希腊的柏拉图认为，道德是"神"把善的理念放到人的灵魂中的结果。曼德维尔认为，道德既非出于上帝的命令，也不是在人类本性所固有这种意义上自然形成的，更不是人类理性的特意发明，而是人的自私本性适应生存环境的产物。汉代的董仲舒认为"道源出于天，天不变，道亦不变"。由此可见，不同时代，不同地域，不同的人，对道德的看法各不相同。[100]

马克思主义伦理学认为，道德是由一定社会经济关系所决定的特殊社会意识形态，是以善恶为评判标准，依靠社会舆论、传统习惯和内心信念所维系的调整人们之间以及个人与社会之间关系的行为规范的总和。道德观念会随着社会的变化而变化，会随着地域民族风俗习惯的不同而不同，但是道德的本质是永恒不变的。也就是说，道德是人类在社会实践中积极指向外部对象的精神现象，是一种实践精神。道德以其理想性、目的性指引人们的行为，其修炼与提高是靠内省方式完成的。[101]

底线的最初界定源自球类体育赛事，指足球、排球、羽毛球等运动场地两端的端线，若任何一方运动员将球踢出或打出底线外，那么比赛将中止。受到底线的制约，仅当球的运动不越出底线时，运动才能够继续进行，一旦出了底线，运动就必须暂停。《现代汉语词典（修订本）》（商务印书馆，1996）解释"底线"一词的含义为"足球、篮球、羽毛球等运动场地两端的界线"。将这一词用到伦理学领域，含义是指道德活动范围两端的界线（权利的权限界线和义务的责限界线）。由此定论，道德底线就是守卫人的最基本的尊严、良知的最低防线，是一种低得不能再低的伦理标准，是人所要坚持的最后的价值信念，也就是使人不至于堕落为禽兽的那条最后防线。

道德底线究竟指哪些道德规范和内容？对这一问题人们也有不同的看法。战国时期的孟子说"无恻隐之心，非人也；无是非之心，非人也"指的是做人的底线，"贫贱不能移，富贵不能淫，威武不能屈"说的是道德底线。[102]就当代大学生而言，有人提出："何谓大学生的道德底线？讲诚信，讲正义，有责任感，遵纪守法，尊重科学、理性，信奉现代文明及礼仪，做一个有益于社会的人。"有人认为："道德底线教育的内容，无非是人类社会共同要求的基本品质——正直、诚实、富有同情心等。"有人则认为："当今中国最严重的价值危机不是社会崇高理想的失落，不是荣耀意识与大国精神如何培养，而是公民道德中耻感的全面丧失……这个道德的最低下限，便是人之为人所必须应具备的耻感意识。"还有人提出："诚信是现代社会的道德底线。"由此可见，在道德底线内涵的看法上可谓仁者见仁、智者见智。

除此之外，也有人把孝道作为道德底线的重要内容。"天地之性，人为贵。人之行，莫大于孝"（《孝经·圣治章》），在人类社会各种各样的人际关系中，亲子关系是基本的人际关系，它是每个社会成员在其成长过程中首先要遇到的一种人际关系。个体只有在学会正确处理亲子关系的基础上，才能学会如何调整和处理其他人际关系，如同学关系、师生关系、夫妻关系、同事关系、上下级关系等。当年乌克兰帕夫雷什学校每年迎接新生入学时，总要在一进学校大门的墙壁上挂着一幅大标语，上面写着："孩子，要爱你的妈妈！"有人认为应该挂上"爱祖国、爱人民"这样的标语，十分重视对学生进行道德底线教育的教育家苏霍姆林斯基回答说，一个不爱自己母亲的人将来不可能热爱祖国这个母亲。只有教会学生先爱自己的妈妈这个母亲，将来才会热爱祖国这个母亲。所以，孝道应该作为道德底线的重要内容，成为道德体系中的重要规范。[103]

直面当下，有人不无偏颇的认为：在社会转型期的中国，金钱的魔力和魅力已经完全消泯了权力和声望的魅力。有金钱，这些都可以购买的到！所有的其他的社会资本都丧失了其内在应该具备的价值，金钱价值成了他们的唯一的崇拜和评判价值。在这样一种社会语境中，当代大学生拜金、拜物也就见怪不怪了。物质的欲望是没有底线的，所以当代很多大学生（当然也包括很多中国人）都过得不快乐、不如意。对金钱本身的追求已经代替了追求金钱实现其他目标的追求。看看很多贪官，贪污几千万后，还是继续无比贪婪的贪污，人格异化到何种程度。

人类为什么要有底线？厦门大学的易中天教授说：为了生存。人，是社会的存在物。任何人，都不能一个人活在这世界上。所以，只有让别人生存，自己才能生存；让别人活得好，自己才活得好。希望所有的人都活得好，甚至为了别人的生存放弃自己的利益，这是"境界"。至少不妨碍别人的生存，不侵犯别人的利益，不破坏社会的环境，这是"底线"。其中，通过立法程序明文规定下来的，是"法律底线"；在社会生活中约定俗成，大家都共同遵守的，是"道德底线"；各行各业必须坚守的原则，是"行业底线"和"职业底线"。境界不一定人人都有或要有，底线却不能旦夕缺失。因为底线是基础，是根本，是不能再退的最后一道防线。

大学生接受高等教育，知书识礼，他们自身的道德企望和社会对他们的道德诉求均比一般社会成员高。从这一意义上讲，大学生的道德底线应比一般社会成员的道德底线高，最起码的要求是：对法律和学校及社会的"禁止"性的规范不逾越、不冒犯、不破坏。具体来说，就是"言语不说谎，行为不出格，考试不作弊，协议不违约，贷款不失信"扩充一点则为"不作假、不偷盗、不赌博、不酗酒闹事、不损坏公物、不打架斗殴、不恶意贷款、不考试作弊、不当'枪手'、不讨分要分、不留宿异性、不乱谈恋爱、不异性同居、不铺张浪费、不'黑'同学、不做电脑'黑客'、不浏览黄色网站、不偷阅别人的电子邮件"等。这样的道德底线对大学生具有普适性。换句话说，可以做不到见义勇为、舍己为人，但不可见利忘义、损人利己；可以提升不到精神的最高境界，但必须坚守道德底线；可以成不了顶天立地的英雄，但要认同人道和良知。

二、对大学生道德底线缺失的分析

道德人格的高低，是衡量一个人人性好坏的标志。大学历来是无数年轻人心目中的"精神家园"。作为一种道德净化机制，大学以其圣洁坦荡的本色守护着人间最干净的一方土地。但令人痛心的是，一部分大学生不注意加强自身修养，存在着道德认知与道德行为脱节的现象，诚信度降低、道德目标自我化、道德标准多元化、道德取向功利化和行为庸俗化等问题日趋突显，且有相当数量的大学生屡屡冲破道德底线，有些行为已一冲到底，触犯了法律。

（一）诚信危机

"诚"由"言"和"成"组成，"信"由"人"和"言"组成，言成为诚，人言为信，说明要心口如一、言而有信。所以，诚信是一个社会赖以存在的道德基础，往往被人们看作是一个人最基本的道德素质。中国古孝文化中，"仁义礼智信"是人们倡导并力求遵循的行为准则。"民无信不立"和"人而无信，不知其可也"都是先人们留传下来的至理名言。从总体上看，当代大学生的诚信状况是良好的，而少数大学生身上却出现了诚信缺失的现象，其中最突出的是：社会实践做假、求职时复印假证书、欺骗用人单位等事逐年增多。

典型的例子是恶性逃债。随着助学贷款进入还贷期，"人们预先的隐忧开始凸现出来"（汪瑞林，《中国教育报》2002/11/13）。如重庆市最早两批贷款期限已到，竟分别有20%、30%的学生未如期还贷；复旦大学"近两成的学生从来没有考虑过如何还款"，上海某大学"竟有7%的学生表示是否还款还很难说"（姜澎，《文汇报》2001/6/3）；"广州地区到期不还款的比例是38%，而全国各地最高可达80%"（吴安亚，《大江晚报》2003/2/25）。此外，大学生拖欠的学费的数量却连年上升，曾有人挪用学费用以买电脑、买手机、谈恋爱，甚至用于炒股、买彩票、赌马、买六合彩。

如湖南一名大四学生4年未交学费，却在学校旁和女友有了自己的安乐窝，彩电、冰箱一应俱全（《北京晨报》2003/10/28）。因此，外界对我国学生的诚信问题提出了质疑。

（二）考试作弊

"考试作弊已成为现在高校中较为普遍的现象。考试过程中一个班至少三分之二的人都会打小抄。"（王肇辉，《大学生》2002/8）租人上课、替考、代写论文、剽窃论文等"蔚然成风"，在英语四六级考试时，买答案已经见怪不怪，严重地影响了大学生在社会上的形象。在年度评优、评先、评奖学金过程中，学生之间拉票及请客送礼贿选学生"官"的作假行为也较为普遍。

（三）金钱至上

很多大学生认为钱是万能的。无可否认，金钱有时确实很重要，但金钱有时也能害命。歌手迟志强唱道：是谁制造了钞票，你在世上称霸道，有人为你去卖命，有人为你去坐牢。迟志强的歌里，钞票既是镣铐，又是杀人不见血的刀。可一些大学生还是将金钱视作无所不能的宝，于是出现了2014年10月31日《现代快报》"南京某高校一名家境贫寒的女大学生，从当陪聊小姐开始，发展到卖淫并介绍同班女同学卖淫，被检察机关提起公诉"；《新京报》2005年3月1日"重庆市女大学生涉足色情服务，牵扯数家高校"等负面新闻，集中披露了那些"宁肯坐在宝马车里哭，也不愿坐在单车上笑"的女大学生违背道德底线的行为。还有些大学生，在毕业找工作的时候，不相信通过自己的实力能找到一份好工作，而是期望拥有雄厚的家产以为他们谋得一份好工作。[104]

（四）缺乏正确的人生理想和良好的生活方式

在平时的学习和生活中，一些大学生也知道理想的重要性，但有时感到理想与现实的差距太大，不可能实现。他们认为现在讲理想、谈未来、讲奉献、谈无私都是空话，讲实惠、追求物质利益才是最现实的。在理想与信念方面，有些大学生对人生目标不甚确定，缺乏社会责任感，甚至精神空虚、人云亦云、玩世不恭、游戏人生。在生活方式方面，一些大学生崇洋媚外、铺张浪费、低级庸俗、追求享乐。

总之，在当前的大学生中出现了较多的道德失范现象，屡屡冲击道德底线。这些问题源于社会大环境的影响、教育体制的弊端以及道德教育的苍白。就这一残酷的话题，华中农业大学文法学院优秀教师钱广贵认为当代大学生有三个最大的沦丧：

第一大沦丧：价值观虚无，道德底线缺失，羞耻感消泯。一个价值观虚无的学生是没有办法教的学生。一个道德底线缺失、羞耻感全无的学生，你还去教什么专业知识、人生信念，只会是一种笑话。中国大学教育中的问题很多，很多问题是整个中国社会的问题，它们都体现在大学的受教育的对象身上，怎么会不出问题？而我们的整个社会呢，却无比功利，金钱物质和利益至上，教师被工具化、商业化、官僚化，弱势老师疲于谋生，强势教师官商学勾结打得火热——他们什么都不缺，缺的就是对作为受教育对象的学生的感召能力和道德涵化能力。

第二大沦丧：物质主义和拜金主义盛行。当代大学生成长在一个刚刚富裕起来的时代，对于物质和金钱还不是那么理性和冷静的时代。在这样一个社会秩序混乱和价值观丧失的时代，他们看到的仅仅是有了钱什么都可以；没有钱什么都不可以——包括他们自身的读书。学生没有足够的经济收入，没有足够的谋取经济收益的能力，所以通过其他手段和方式来谋取金钱和物质享受就是必然之意了。这难道不是一个无比可怕的前景吗？比如身体资本化，就是当代社会的问题和欲望在大学生群体上的一个典型表征。

第三大沦丧：性开放和性放纵。可以说，性教育在中国当代大学生中，是一片空白甚至是完全失败的。罗素曾经睿智地分析过如果把性神秘化会造成什么后果，这都是一个世纪之前的事情了，但我们中国到现在依然毫无反省。一方面是完全的屏蔽，以为会造就一个无比单纯和美好的年轻一代，可欲望是压不住的，人的感情是压不住的；另一方面是缺乏道德制约和分级制度的大众传媒的色情化、黄色化和暴力化。当代部分大学生是典型的"无知者无畏"。而生活与将来会残酷地告诉学生们：你所做的一切，能够承担的只有你自己。

警世名言！钱广贵老师的剖析说明我们的教育还存在一些问题，这些问题严重地降低了高校德育的实效性。因此，我们应该也必须像钱老师那样，叩问而深思：在教育学生的过程中，有没有一种民族责任感？有没有一种努力提高学生道德修养的措施与行为？如果没有，那就从现在开始，强化当代大学生们的道德底线教育，千方百计地引导他们坚守社会道德底线，成为品德高尚的人。

三、强化大学生道德底线教育的有效途径

有人说，"十年树木，百年树人。""塑造一个贵族，要给三代人换血。"由此可见育人之艰巨。底线教育是公民教育的一部分，不同的人所面对的困境千变万化，教育的使命之一是让人做出适应自己实际情况又符合社会基本要求的底线选择。道德底线对社会一般人具有普适性。而我们实施教育的对象是正处于思想叛逆、自我约束能力差，个性差异大的大学生群体，所以更要让道德底线内容深入到每个学生的内心，进而转化为他们的思想准则和人生信条，使之逐步理解、接受，并成为发自内心的自觉行动。

（一）进行有效的道德教育

要使大学生坚守社会的道德底线，首先，必须对大学生进行有效的道德教育。这里的道德教育，显然应渗透在学生的课堂学习、课外生活和社会实践等各方面。课堂上，既要注意从灌输正统理论，收集古今中外的经典箴言，选取现实生活中科学家、儒商的成功实例等角度正面教育学生，又要注意不要回避社会上的阴暗面，引导学生正确对待它们，还要注意采用对话、讨论、辩论等多种方式激发学生的兴趣。课外教育更要灵活多样。其次，要将德育生活化，引导大学生在日常生活细节中践行诚信和责任。再次，是开展丰富多彩的课外活动，包括"敬老院之行""广场义扫""光荣献血"等社会服务和社会实践活动，加深学生的道德感知，促使其形成内生的道德习惯。最后，我们还可以让学生举行自律座谈会等，让他们以自省、见贤思齐、改过迁善、慎独等方法主动提高自己，自觉培养道德修养能力。

（二）实行道德教育的法纪化

对大学生思想道德教育，不仅要依靠道德的培养，还必须要有法律的强制力。道德教育和法制教育目标的实现是一个循序渐进、持之以恒的长期过程，远非一门《思想道德修养与法律基础》就能完成的。道德思想政治教育应打破学科间的界限，探索多元方法，合理配置道德教育资源，使道德教育、法制教育和专业教育紧密结合，通过多学科融合，努力提高思想道德政治教育的科学性、针对性和实效性。同时，应通过加强法制教育，使学生懂得自身所享有的权利与应尽的义务，以及法律的约束力，这样才能使整个社会的生产秩序、工作秩序、学习秩序、生活秩序等社会秩序得到有力保障，从而使社会主义现代化建设得以顺利进行。[105]

（三）构建社会、学校、家庭共同进行道德教育的良好氛围

大学生道德底线教育是一项系统工程，应从整个社会的角度着眼，使大学生成长成才所依托的学校、家庭、社会三者在教育理念上的共同努力、共担责任，才能达到良好的效果。家庭是人受教育的起点，也是人成长的最初阶段，它对人的行为习惯的养成具有重要的作用，父母的行为对子女有着潜移默化的效果；学校是教育的主要场所，它拥有更系统、更全面的手段方法，传授学生最基本的理论知识和相关规范，诱导启发学生的道德意识；社会是一个大环境，是学生将理论付诸实践的主要场所，只有走进社会，学生才能切身体验到道德教育的重要意义，才能自觉践行道德行为。因此，应由社会、家庭、学校联手帮助大学生们构筑道德的"防火墙"。

（四）努力提高道德修养的自觉性

高度的自觉性是道德修养的一个内在要求和重要特征。马克思指出："道德的基础是人类精神的自律。"也就是说，品德的提升是一个"内化"过程，是一个不断自我"觉悟"的过程，是"体验""移情""理解""对话""反思"各环节相统一的过程。德育的目的是给受教育者带来精神的洗礼、灵魂的超越、人性的回归和情感的纯化，指向人的生成，通过点悟、滋养、熏染，转变人的思想，形成人的德行。提高道德修养并不是游离于现实之外的闭门思过，而是自我反省和自我升华的过程，它使大学生把道德内化为自身的文化修养，在学习、生活中，自我启发、自我激励、自我教育，正确认识自己和评价自己，发扬优点、克服不足。

大学生是国家的未来，是未来社会主义建设的主要力量。"人无德不立，国无德不兴。"当代大学生的道德素质直接影响到整个民族的整体素质，关系到和谐社会能否建设成功。因而，要多渠道、多空间、长时间地进行底线道德熏陶，使道德底线教育从各个方面渗透到受教育者心中，提高教育成效。

第三节 关于师德师风教育研究

对如何科学地、有效地教育下一代的研究，是人类文明发展到一定阶段才产生的，是一批智者总结了前人的经验后归纳出来的。最早的教育论述可追溯到古希腊和我国的春秋战国时代。古希腊的苏格拉底、柏拉图、亚里士多德、昆体良等思想家，都在阐明各种社会现象的同时，对教育现象做出各自的解释。中国最早讨论教育的是孔子，《论语》是他教育学生的记录，里面包含了古代的教育思想。之后的孟子、荀子等都在他们的著作中论述到教育问题，荀子的"国将兴，必贵师而重傅……国将衰，必贱师而轻傅"就是最好的说明。[106]

史烟飘过，回看今天。中国从来没有像现在这样重视教育。2014年教师节前夕，习近平总书记在北京师范大学师生代表座谈会上强调：合格的老师首先应该是道德上的合格者，好老师首先应该是以德施教、以德立身的楷模。要积极引导广大高校教师做有理想信念、有道德情操、有扎实学识、有仁爱之心的党和人民满意的好老师。毋庸置疑，高校教师的思想政治素质和道德情操直接影响着青年学生的世界观、人生观、价值观的养成，决定着人才培养的质量，关系着国家和民族的未来。也就是说，学校是教育的细胞，而教师是立教之本、兴教之源，承担着教书育人、立德树人这一最庄严、最神圣的使命。因此，在中国高校已进入"深改时间"的当今，加强师德师风教育迫在眉睫。

一、当代高校教师的师德师风现状

什么是师德？百度百科解释为：师德指教师的职业道德，它是教师和一切教育工作者在从事教育活动中必须遵守的道德规范和行为准则，以及与之相适应的道德观念、情操和品质。它是教师工作的精髓，可以用"师爱为魂，学高为师，身正为范"概括其内涵。师德的具体内容包括爱岗敬业，教书育人，为人师表，诲人不倦等。师风一词最早出现在《北齐书·元文遥传》中："行恭少颇骄恣，文遥令与范阳卢思道交游。文遥尝谓思道曰'小儿比日微有所知，是大弟之力，然白掷剧饮，甚得师风。'"而在这个词出现前，《荀子·致士》中已有"师术有四，而博习不与焉：尊严而惮，可以为师；耆艾而信，可以为师；诵说而不陵不犯，可以为师；知微而乱，可以为师"这样的阐述。用现代汉语来解释，师德师风，就是教师从教的道德作风。学高为师，德高为范；学是师之骨，德为师之魂。被誉为万世师表的孔子曾说过："德之不修，学之不讲，闻义不能徙，不善不能改，是吾忧也。"学生总是把教师看作学习、模仿的对象。只有具备良好的"师德师风"，学生才会"亲其师，信其道"，进而"乐其道"。教书育人是师德师风的关键，是教师的天职。重庆市教育委员会的李源田说：师德师风，相似乃尔。其实，对师德师风可以比较简单地用"三不"来定位：最为基础的师德要求是"不伤"；中层次的师德规则是"不误"；更高的师德境界是"不惑"。他认为没有道德就没有教育，缺乏师德就不是教师！如果职业道德是一种规范，它更多的是对不规范产生约束和限制。优秀教师总是让人充满希望，让人相信有一千个拥抱生活的理由。[107]所以，教师在任何时候都不能忘记，教师不仅是知识的传播者、智慧的启迪者、人格的影响者，也是道德的实践者和示范者。其形象是"走上三尺讲台，教书育人；走下三尺讲台，为人师表"。倡扬高尚的师德师风，是中华民族的优良传统，是新时期教师教育的首要任务，是加强大学生思想道德建设的必然要求。

教育工作的根本任务是立德树人。育有德之人，靠有德之师。但近几年来，少数高校教师理想信念模糊、育人意识淡薄，甚至学术不端、言行失范、道德败坏等，特别是近期极少数高校教师失德行为的出现，损害了高校教师的社会形象和职业声誉。

具体而言，师德师风失范的表现是：

（一）理论修养不足，政治敏锐性尚需提高

近年来，各高校引进的青年教师均有较高学历，一方面，这些高学历的青年教师发展潜力、上升空间大，知识结构新，对新生事物的接受能力强，与大学生心理距离近，并带来了高校教师整体科研学术水平的提升等。另一方面，他们也给教师的德育工作带来了机遇和挑战。由于学历高而孤芳自赏，有的教师觉得自己科研水平提高了，思想境界自然也就提高了，不需要再接受德育教育；有的自以为那些教育都是意识形态灌输，自己是搞科研的，与那些东西没关系，不屑去学习；有的教师一直注重自己业务水平的提高，思想政治观念淡薄，对改革开放后体制与法制的不完善导致的腐败现象不能正确对待，言行不谨，信口开河，观点片面，过分渲染社会阴暗面，在课堂上发表一些不利于学生健康成长的言论，从而误导学生。2014年11月13日，辽宁日报刊发了一篇名为《老师，请不要这样讲中国》的文章。文章作者整理了近13万字的听课笔记，大致概括出"大学课堂上的中国"的三类问题：第一是缺乏理论认同。有的老师用戏谑的方式讲思想理论课，揭秘所谓的马克思恩格斯的"隐私"；将毛泽东与古代帝王进行不恰当比较，解构历史，肆意评价；对党的创新理论不屑一顾，动辄把实践中的具体问题归结为理论的失败。第二是缺乏政治认同。有的老师传递肤浅的"留学感"，追捧西方"三权分立"，认为中国应该走西方道路；公开质疑中央出台的重大政策，甚至唱反调；片面夸大贪污腐败、社会不公平、社会管理不完善等问题，把待解决的问题视为政治基因缺陷。第三是缺乏情感认同。有的老师把自己生活中的不如意变成课堂上的牢骚，让学生做无聊的"仲裁"；把"我就是不入党"视为个性，显示自己"有骨气"；把社会上的顺口溜和网络上的灰色段子当作论据，吓唬学生"社会险恶"，劝导学生"厚黑保身"……文章还不客气地指出：一个普通的张三李四是可以这么质问国家的，但亲爱的老师们，因为你们职业的高尚，因为大学课堂的庄严和特殊，请不要这样讲中国！？

（二）缺乏正确的价值观、人生观和坚定、正确的职业道德理想

我国正处在社会转型期，各种价值观念相互碰撞，道德规范彼此冲突，再加之商品经济的冲击、思想的多元化，一些传统的价值观、道德观受到冲击，造成教师人生观、价值观以及道德规范上的混乱，出现了所谓"人

生理想趋向实际、价值标准注重实用、个人幸福追求实在、行为选择偏重实惠"的倾向。部分教师过分看重个人利益，仅仅把教师工作当作一种谋取世俗利益的手段和工具，而没有将之看作是承传人类科学文化知识、传播崇高理想的神圣事业，以至于急功近利、轻思想重学术、轻奉献重索取，道德取向功利化。

(三) 责任心不强，对教学、科研和学术态度不端正，心态浮躁

有的教师工作责任心不强，没有敬业精神，对教学、科研、管理工作精力投入不足，不安心本职工作，轻校内课堂教学，重校外兼职。还有的教师缺乏进取精神，心浮气躁，治学不严谨，不注重获取新知识，不钻研业务，不求上进，满足于一般性工作，上课不备课，得过且过或照本宣科，教案缺乏新意，一本教案对付多年，有的甚至连教案都没有，直接影响到教学秩序和教学质量。有些老师即使上课也没有激情，讲课内容空洞、陈旧、乏味；教学方法单调，缺乏师生交流，使得学生"逆反心理"严重、师生关系紧张。媒体上接连曝出的"师生互殴""租人上课"之类的新闻，让师生关系这一老话题重新走向公众视野。

(四) 育人意识淡化

叶圣陶先生认为教师在履行教育义务的活动中，最主要、最基本的道德责任是"教书育人"而不是"误人子弟"。大学教育不仅要教会学生知识，更重要的是教会学生如何做人。但有的教师只注意传授专业技术知识，对学生的道德素质教育置之不理；有的教师仅满足于课堂教学，只顾完成教学任务，上课来、下课走，缺乏与学生的交流，因而很难掌握学生的思想动态，不能有的放矢地对学生进行教育引导；有些教师甚至认为，只要把业务搞上去就行了，学生的思想道德教育是领导和辅导员的事，完全把教书育人割裂开来。

(五) 道德、法制观念淡薄

有些教师对学生缺少应有的关爱，执教不严甚至放任自流；有的教师学术作风浮躁，在科研上缺少创新，剽窃他人学术成果。个别老师道德败坏，违法乱纪，触犯法律。如2012年3月，教育部发布新规，明确学术作假、性骚扰学生等高校教师"七不准"的两天后，四川美术学院退休副教

授王小箭被曝在吃饭时强吻女学生。之前的2014年9月18日，江西省某高校青年教师周某某因强奸90后醉酒女学生被判有期徒刑5年。类似的新闻也屡见不鲜。[108]

上述剖析绝非危言耸听。中国教育报2015年4月29日刊发评论文章指出：教育是件朴素的事，就是教人如何好好做一个人。教师要教其心，从性情涵养做起，师生同此心、共此情。教书、育人，教师的工作往简单里说，也就这两件事。潘光旦先生说过，只有可以陶冶品格的教育才是真正完全的教育。钱穆先生也说过，中国教育重在教人学为人，其中最为宝贵的是"师教"，即尊其师，信其道。然而，在现在的学校中，有时师不亲，亦不尊。

师何以不亲？

教师离学生远了。他们把精力更多地放在知识传授、分数评定、教科研等方面，"慕课"或"翻转课堂"的出现干脆让一些教师直接从讲台上消失。师不见，何以亲？

教书与育人分离了。卢梭在《爱弥儿》中写道："在我们所获得的知识中，有些是假的，有些是没有用的，有些是将助长具有知识的人的骄傲的，真正有助于我们幸福的知识是很少的。"教育应是在人的天性与适当的知识之间建立平衡，好的教育应是用适当的知识促进学生内在力量的发展，而不是生硬地灌输什么；教育中合宜的知识应该滋养人心、涵育人性，应该是能增长每一个人过独立、明智的生活所必需的能力，使其具备相应的思考、判断能力，使其免受自身的无知和他人的狡诈的玩弄。而现状是，学校里什么东西都教，唯独不教学生"做人"的本领。要知道，学校不是一个人与人争夺稀缺资源的竞技场，童年无须臆造出一个需要赢的起跑线！"教书"遮蔽了"育人"，离朴素的人性会越来越远。

师何以不尊？

教师的面目模糊了。人的教育、德性的孕育靠的是身教。就教师而言，中国的教育精神强调其人甚过其学，所谓经师不如人师，言传不如身教。教师以身教，以行教，以其德性教，以自己营建的一种情感意境来施教——亦可谓之"情意教"。在学生面前，教师是一个知冷暖、有喜怒、有喜好的真实的人，更是其生命成长中重要的陪伴者与见证者。学生对教师的信赖与敬爱，是教育的基础，理智与爱在此是融合为一体的，教师的尊严和权威皆来源于此。然而，在现代教育中，师与生之间自然、亲近的情意关系却被流水线式的知识传递扭曲了。

当"教书"不再"育人"时，教师的态度是可疑的：当教师成为知识的兜售者时，他是可疑的；当教师成为成功学的贩卖者时，他是可疑的；当教师热衷于用奖励去诱导学生顺从时，他是可疑的。在情意教育中，最重要的是情感的陶冶、意志的控制，如果以安全但冷淡的策略回避与学生的情感交流已成为教师的自保之举，如果教师如同一个心理咨询师，用催眠术诱导学生走向看似光鲜轻松、实则充满陷阱的小径，如果教师还习惯用恐吓压制学生的意志，或者不断放纵学生的情绪与欲望，那就不仅是可疑，更是可怕的了。[109]

二、师德师风存在问题的主要原因

三尺讲坛，神圣之地。师者以不朽的师魂赋予了这份职业无限荣光。纯粹、高尚的师德，是我们这个时代可贵的精神财富。所以有人说"教育事业是太阳底下最灿烂的事业""教师是人类灵魂的工程师"，也有人说"教育是座圣洁的殿堂"。以上这些赞美都充分说明了教育事业的伟大。伟大的事业靠谁去完成？就靠一支有高尚师德的教师队伍。师德师风出了问题，"太阳底下最灿烂的事业"就难以为继。

目前，我国高校在师德师风方面存在问题的原因很多，归纳起来，突出表现在四个方面：

（一）市场经济对师德师风建设的负面效应

随着我国社会主义市场经济的发展和对外开放的深入，人们思想活动的独立性、选择性、多变性、差异性明显增强。这一方面加强了教师积极进取、奋发向上的精神风貌；另一方面，由于市场经济的趋利性、竞争性、开放性，诱发了拜金主义、利己主义、实用主义、享乐主义，特别是正处在社会转型期的现在，这些消极因素强烈地冲击着象牙塔中的人类灵魂工程师。这样，过去在教师中占主流地位的无私奉献精神在一定程度上被削弱，一些教师开始以新的社会坐标观察自己的职业，并以新的价值参照系统衡量与自己相关的利益分配，从而改变了原有的价值取向。随着我国文化服务性行业逐步开放，西方文化、价值观随着西方影视、音像、书刊进入我国，尤其是网络以其方便快捷的绝对优势占据了绝大部分教师的学习时间，致使教师在理想、信念和追求上产生动摇、困惑、彷徨，引起思想与行为上的失衡，造成思想观念上的剧烈冲突。

（二）教师来源渠道多样化对师德师风建设的挑战

近年来，高校教师大体上通过三种渠道被引进：一是从国内外高校应届和往届无工作经历的毕业生中直接引进，这批人刚走上工作岗位，对事业、对社会的认识和理解有很强的可塑性；二是从其他高校、科研机构的在职研究人员中引进，他们一般都是以特殊人才或学科带头人的身份引进的，大多被给予了优厚的待遇，这部分人的各种人格特征已经形成，并且水平都比较高，传统的德育方法对其很难发挥作用；三是从其他行业的优秀人才中引进，这一点在人文及社会科学领域表现得更多一点。这些不同来源的教师之间相互影响，给教师队伍的德育带来了许多困难，使教师队伍的整体德育形势更加严峻。

（三）学校管理体制不完善对师德师风建设的影响

虽然按照教育部的统一部署，很多高校都已成立了师德建设领导小组，充实了相关的师德建设内容，但多数只是停留在书面和文字上，很少落实或取得实效。在运行体制上，有的规章制度内容空泛，缺乏用于具体考核的可操作性标准。在管理体制上，教师聘用制度包括职称晋升制度还不够完善，如在职称晋升制度方面，过分强调科研项目、获奖成果、发表论文的数量，并将这些量化为"硬性"指标，而很少注意教师的道德品质、育人状况等这些"软"指标的建设。以目前的教师队伍，特别是在中青年教师中占较大比例且大都承担着较重的教学任务的情况下，青年教师在教学上投入的时间和精力相对较多，科研上要取得成就有较大难度。同时，学校在教学安排、教学管理、学生管理制度上存在一些问题，极大地影响了教师工作热情的发挥，挫伤了他们的工作积极性，也使部分教师产生了消极应付心理。在监督方面，还没有形成很好的监督管理机制。

（四）高等院校跨越式的发展给师德师风建设带来负面影响

近几年来，高等院校的办学规模逐年扩大，在校生人数甚至达到十年前的五六倍，这对高校教师队伍建设提出了严峻的挑战。为了补充师资，高校采取提高住房待遇、改善生活条件、增加科研经费等措施引进人才，虽造就了一支数量充足、结构优良的教师队伍，但也使一些思想道德水平较低和责任感不强的人进入了教师行列，给师德师风建设带来了负面影响。[110]

三、加强高校师德师风建设的意义

教育大计，教师为本。教育部教师工作司负责人说：师德不仅关乎教师自身的发展，更关乎人才的成长和国家的未来。我国现有1442万多人的专职教师。长期以来，教师们教书育人、敬业奉献、为人师表，涌现出霍懋征、孟二冬、冯志远、叶志平、张丽莉等一大批先进典型，他们高尚的师德赢得了人民群众的广泛尊重，得到了社会各方面的充分肯定。教师是知识的化身，是智慧的灵泉，是道德的典范，是人格的楷模，是学子们人生可靠的引路人。换而言之，教师是学生美好心灵的塑造者。因此，高校教师不仅承担着传播知识、启迪智慧、培养人才的职责，更承担着对学生进行思想品德教育，帮助其树立正确的人生目标和健全人格的重要责任。所以，加强高校师德师风建设的意义在于以下三方面：

（一）加强师德师风建设是全面实施科教兴国战略和人才强国战略的需要

随着经济全球化的深入发展，科技发展日新月异，知识越来越成为提高综合国力和国际竞争力的决定性因素，人类社会正在步入一个以知识创新为助推器的"知识经济时代"。在知识经济时代，拥有知识的人是创造和获取财富的根本，人才资源越来越成为推动经济社会发展的战略性资源。因此，在"科学技术是第一生产力"的知识经济时代，人真正成为生产力中的第一因素，人才在经济社会发展中的地位日益突出、作用日益显现。

（二）加强师德师风建设是培养社会主义事业合格建设者和可靠接班人的需要

当今世界正处在大变革、大调整之中，国际竞争日趋激烈，各种矛盾纷繁复杂。当代大学生是中国特色社会主义事业的建设者和接班人，是国家和民族的未来，同时也是心智尚未成熟，世界观、人生观、价值观和荣辱观正在逐步形成、尚未定型的群体。大学阶段是树立正确的政治信仰和锻造健康人格、完善自我、确立人生目标、学习知识、形成科学思维最为关键、最为重要的阶段。高校教师良好的师德在这一阶段具有不可替代的榜样导向、"以身立教"的作用。

（三）加强师德师风建设是高校生存发展的必然需要

哈佛大学前校长科南特曾说过："大学的荣誉不在于它的校舍和人数，而在于它一代一代人的质量。一个学校要站得住，教师一定要出色。"高校教师队伍的素质，不仅直接关系到一所大学的教学质量和学术声誉，也直接关系到其生存与发展。而师德师风作为教师素质的核心，更是关系到一所大学的校园风气、学术风气和社会声誉的好坏。"学高为师，身正为范"，良好校风的形成，离不开教师的率先垂范。良好的校园风气是培养高素质学生必需的外在环境，也是大学吸引学生和家长认同的一个重要因素。

四、加强高校师德师风建设的应对策略

教师是立校之本，而师德是教育之魂。雨果曾经说过，"我们不能要求人人都成为圣人，因为那是特殊的情形，但做一个正直的人，那是每个人都必须遵循的常规。"从"人类灵魂工程师"的称号和"传道授业解惑"的职业特征考量，教师的师德师风应该是遵纪守法、教书育人、为人师表。铸造美好师德、培养优良师魂，事关国家和民族的未来。教师的品德和素养是教师发展的一个重要前提，只有对强化师德师风建设这一问题有了深刻的认识，才能对自己提出更高要求。"十年树木，百年树人"，踏上三尺讲台，也就意味着踏上了艰巨而漫长的育人之旅。

怎样才能做一名好教师呢？有人以需求层次理论为指导，建议高校管理者在师德师风建设中以情感人，充分调动广大教师的积极性，发挥其身心潜能，使他们更好地服务于广大学生、回报社会。具体来说，要满足以下几个条件：

（一）物质生活条件的满足是师德师风建设的客观前提

高校教师所从事的是阳光底下最光辉的职业，但高校教师也是普通人的一员，其生存的最基本条件仍然是物质基础。因此，国家需要加大对教育事业的投入，让其免于市场纷争，"不为五斗米折腰"是让高校教师恪守师德的基础保证。当前我国高校教师的收入差距颇大，刚刚工作的青年教师和初、中级职称教师收入较低，工资水平甚至不及高级职称教师的一半，更谈不上课题科研收入。而师德师风建设的最终目的就是要让高校教师远离异化的发展观，真正认识到人类灵魂工程师的社会地位。当前，高校教师的工资多以职称高低为主要依据，对师德师风方面基本无量化考核指标，导致一些高校教师忽视师德师风建设。高校应结合学生评教，制订可操作的师德师风方面的量化考核指标，让师德师风建设由外部要求转化成内部需要，提高高校教师对师德师风建设的重视程度。

（二）营造人性化的氛围是师德师风建设的情感保障

人的本质属性是社会性。马斯洛认为，人有与人交往的需要，人需要得到他人的接纳与认同。人的生活和工作都是群体性的，今天各行各业都强调团队意识、团队精神，高校教师的成长和发展同样也离不开团队。我国经济迅猛发展，也导致人们感受到的压力越来越大，人们对归属感的渴望越发强烈。高校教师由于不用坐班，同事之间的交往频率低于其他行业，因此对于人际交往的渴望更为强烈。管理者可根据高校教师的交往需要，在对教师进行制度管理的同时，结合人文关怀，满足高校教师的交往需要、支配需要和情感需要。朱小蔓在《教育的问题与挑战》一书中指出，只有"情感上的认同、接纳"才会促使道德"真正内化为人的品德"，正所谓"行道而得之于心谓之德"。情感在人的道德认识系统中起着重要支持作用，在向道德行为的转化中也会产生推动作用。因此，要提高高校教师的师德水平，营造和谐温馨的人际关系是非常重要的一个方面，可以说营造人性化的氛围是师德师风建设的情感保障。

（三）构建不同层次的激励机制是师德师风建设的必要举措

基于尊重的需要，人们大多愿意把自己的工作做得更好，以期获得外界的肯定，甚至产生自我炫耀、自我满足的感觉。高校教师在学历层次与个人修养上，往往高于普通群体，大多数高校教师有着强烈的追求卓越的意识，对人生意义的追求更为执着。高校的管理者可充分挖掘教师正直向上、勇往直前的团队精神，对教师的考评做到公平、公开、公正，肯定教师的努力奋斗，增强高校群体的公信度与凝聚力。在师德师风建设方面，开展类似"学生心目中的好教师"的评比类活动，定期组织高校教师开展教书育人经验交流活动，并构建不同层次的激励机制，充分发挥模范教师的榜样作用，带动整个高校教师群体形成良好的师德师风精神风尚和教育合力。为了达到科研促进教学、教学带动科研两不误的理想状态，在职位设定、工作量底线、量化考核以及待遇兑现过程中，应当同等看待科研和教学任务。在人力资源开发深层研究中，价值观、敬业态度、自我评价、社会责任等软能力所起的作用更加持久和重要，应是考察的优先因素。因而，在绩效考核中，应重点分析教师的敬业态度、奉献精神和责任意识等。这既是调动教师积极性的有效举措，也能吸引广大教师把更多精力投入到教学科研上，防止教师精力外投、弄虚作假、敷衍教学、冷落学生的消极对策。

(四) 营造自我实现的平台是师德师风建设的最高境界

有自我实现需要的人，往往能够忘我地、完全地、集中精力地、全神贯注地去体验生活。这类人有坚定的理想和信念，为了理想会废寝忘食地工作，把实现理想的过程当作一种创作活动，希望为人们解决重大课题，从而完全实现自己的信念。高校管理者可以为高校教师营造自我实现的平台，充分满足其成就感和创造欲，为其提供个人成长的机遇。高校可以制定相关政策，有计划地选拔优秀教师外出学习深造。高校应营造相对宽松的学术氛围。高校教师普遍具有较高的道德修养和创造潜力，创造力的发挥需要一定程度的自主，相对宽松自主的工作环境是发挥创造潜力的前提条件，可以促进高校教师在更高程度上达到自我实现的目标。高校应多组织学术交流和研讨活动，充分发挥脑力激荡的作用，激发更多的高校教师产生自我实现的信念，让良好的师德师风内化为教师追求卓越的品质，从而达到师德师风建设的最高境界。

就教师个人而言，高校师德师风建设还应注意抓好以下几点：

（一）以人格魅力引导学生心灵

教师是"品行之师"，对学生人格的培养起着举足轻重的作用，其行为潜移默化地影响着学生，而高尚的师德也在一代又一代教师中薪火相传、生生不息。教师的人格魅力，一方面体现在孔子所说的"其身正，不令而行；其身不正，虽令不从"的表率作用上，另一方面是自省、自律的精神。品德高尚的孔子常常"吾日三省吾身"，认识到"三军可夺帅也，匹夫不可夺志也""君子喻于义，小人喻于利""过犹不及""人无远虑必有近忧""逝者如斯夫，不舍昼夜""三十而立，四十不惑，五十而知天命"等。韩愈在《师说》中，不但对教师在教学中的作用作了明确的规定——传道、授业、解惑，更阐发了孔子的"三人行，必有我师焉"的思想，论述了"无贵无贱，无长无少，道之所存，师之所存"的平等关系：学生所师的是道，而不是地位的贵贱和年龄的长少。他还强调："弟子不必不如师，师不必贤于弟子，闻道有先后，术业有专攻，如是而已。"所有这些，都是对孔子的"教学相长"思想的最好阐述。广东名师吴新华眼中的"教学相长"是"给天才留空间，给中才立规矩，给庸才输智慧，给蠢材予启迪，把学生培养成为'最好的自己'"。当下，教师要以社会主义核心价值观践行者的人格魅力引导学生的心灵，在教书育人过程中，要在学生心里深深地种下社会主义核心价值观的种子，让富强、民主、文明、和谐，自由、平等、公正、法治，爱国、敬业、诚信、友善扎根在学生的心灵，积淀为成长的力量。

（二）以学术造诣开启学生的智慧之门。

教师是"学问之师"，不仅需要有渊博而高超的专业知识和精湛的业务技能，还需要有广博的文化修养。学为人师，教师首先要用学术魅力去引导学生的心灵。一位不能在学术上使学生心悦诚服的教师，其人格魅力是软弱无力的，自然也得不到真正的尊重与敬慕。要想给学生一杯水，自己必须先有一桶水。这就要求教师具备广博的知识和广泛的兴趣，具备浓厚的专业功底和独特的教学艺术。教师必须把学术魅力与人格魅力结合起来，进而达到教书育人的目的。学生可以原谅教师的严厉、刻板甚至吹毛求疵，但不能原谅他不学无术。缺乏独立见解、不善思考、学术功底浅薄，是无法引导学生心灵的。在构建和谐师生关系上，厦门大学嘉庚学院教学的"独门绝技"是放下身段走近学生，·"俘获"学生的心，收获满满的幸福。[111]美国著名教育家威廉姆·亚瑟·沃德曾说："普通教师告诉学生做什么，称职教师向学生解释怎么做，出色教师为学生做出示范，最优秀的教师激励学生。"教师要有严谨的治学态度，成为一名严师，并用严谨的学风熏陶学生，真正起到教书又育人的作用，开启学生的智慧，培养学生的创新意识、创新思维、创新能力。[112]陶行知说，教育的全部秘密就在于相信孩子和解放孩子。进入互联网时代，社会价值越来越多元，学生差异性也越来越大，除了恪守传统的值得传承的教育观，为师之道也被赋予新的内容，即教师也要不断改变自身、了解孩子。与以前相比，当下的孩子思维更加活泼，个性更加鲜明，更喜欢活泼开放、了解时尚、具有幽默感的所谓"潮人"教师，更希望教师了解他们、认同他们，能走进他们的内心世界，和他们打成一片。对此，教育与教学一定要与孩子的内在天性的情感相协调，通过这些情感的逐步发展，他可以提高心智，进而认识并尊重道德法则（瑞士教育家裴斯泰洛齐）。

（三）以友爱情怀沟通师生关系。

教师是"仁爱之师"，师德的核心是爱，这种爱必须是排除了私心和杂念的父母般温暖慈祥的爱、恩师般高尚纯洁的爱。在伦理价值视域，师生关系属于"道德高地"，是经常受到称赞的。为人师表，师爱为魂。正如陶行知所说，"爱是一种伟大的力量，没有爱便没有教育"。高尔基也说过："谁不爱孩子，孩子就不爱他，只有爱孩子的人，才能教育孩子。"孔子在教育上取得伟大成就的原因很多，但不能不提的是他与弟子之间建立了一种如朋友般默契、如父子般情笃、符合教育规律的师生关系。也就是说，教育不仅仅是传授知识和技能，更是唤醒、塑造灵魂的事业。关爱呵护学生、陪伴学生成长是教师的天职，良好的师生关系应建立在相互尊重、共守规则的基础上。孔子在与学生交往的伦理思想上强调仁者爱人、推己及人、和而不同，这种交往伦理思想对高校和谐师生关系的建设具有三方面的启示：平等交往、师生互爱是高校和谐师生关系建设的前提；师生互相尊重、宽容是高校和谐师生关系建设的途径；和而不同、师生互动是高校和谐师生关系建设的不竭动力。崇高的师德表现在：当学生受到挫折、处境困难的时候，给学生以同情、关怀、体贴和帮助；当学生生病的时候，主动嘘寒问暖、送药送饭；对待学生的提问，耐心细致、和蔼可亲地给予解答；尊重每一位学生的人格，不体罚或变相体罚学生；对学生严格要求，帮助其树立正确的世界观、人生观和价值观。总之，当学生为教师的人格所征服，为教师的知识所折服，为教师的见解所激动，在情感上对教师有所依恋时，师生之间已经构建了心灵相通的桥梁，形成了良好的师生关系。

立德树人是人民教师的神圣职责。一个普通人来到世界上，一生承载着对社会、对世界的责任，终场交卷才可离开。在中国，一代代教师淡泊名利，安于奉献，坚守在三尺讲台，毫无保留地传授科学文化知识，以学生的成长进步为执着追求。无论是润物无声的悉心教诲，还是坦诚直言的严格要求，都寄托着他们的厚爱和期盼。

第十章　创造性转化孝文化的生动范本

——以重庆市长寿区江南街道为例

社会转型期，"农夫与蛇"的频繁上演，道德失范被过度解析，底线下移被动辄网曝，行政不当引发众怒，诸如此类的乱象，既是对全社会的拷问，更是对政府部门的考验。习近平总书记在系列重要讲话中多次强调：弘扬中华优秀传统文化，要处理好继承和发展的关系，重点做好创造性转化和创新性发展。为了探求行之有效的社会治理新途径，近几年来，各地通过培育孝心孩子、评选孝心儿女、创新节日尊老孝亲、把孝道写进村规民约等方式，积极践行孝文化，以此推进公民道德建设、促进社会和谐。重庆市长寿区江南街道用千年文脉重构治理基层社会的成功经验，足以说明创造性转化和创新性发展孝文化的重要性和可行性。

2009年9月以来，重庆市长寿区江南街道党政一班人，在立体调研和深度思考的基础上，毅然对传统孝文化进行创造性转化和创新性发展，积极引导广大群众崇尚孝道、弘扬孝心、践行孝德，全街道上下形成"知孝、懂孝、行孝、扬孝"的良好社会风尚，为经济社会发展提供积极的道德支撑，实现了由乱到治的华丽嬗变：全街道除无一人参与邪教组织，无一例违规上访、集访案件发生外，2010年到2014年，街道在全区经济社会发展综合目标考核中连续5年获得一等奖，先后被重庆市社科联命名为社会科学普及教育基地、被中国基层党建网授予"爱心党组织"称号；成功当选为重庆市安全生产示范区、第三批全国文明村镇、重庆首届"巴渝爱老敬老道德风尚十佳单位"、全国孝老敬老模范单位、第四届全国文明单位……

第一节 严峻现实呼唤新的社会治理模式

面积共67.89平方公里的江南街道，辖7村2社区5万余人。2009年前，百年重钢环保迁建，直接占用农民土地1万余亩，农转非人员高达8178人，占全街道总人口的36.3%，其中60岁以上的老人4330人，占人口总量的19.26%。这些失地农民因文化低、无技术，担忧难以融入城市。而居民无条件地追求利益最大化，使群体性闹事现象日趋加剧，众多老人被推向聚众闹访的前沿，不仅他们的自尊受到了伤害，也让政府行政也遇到极大困难。

就在江南街道与全国其他大发展、大拆迁地区一样，矛盾积累加深、政府公信力下降、官民冲突激烈、群体性事件不断的关键时刻，民本情怀浓郁的法学博士张云平调任长寿区委常委兼江南街道党工委书记。上任伊始，他没有使用"新官上任三把火"式的以权压人、以势镇人的丑陋做法，而是坚持尊重人、依靠人、发展人、完善人的原则，以百姓诉求为主要内容，蹲下身子到各村、社区去了解"原生态民意"，问计于基层、求教于群众。在与群众交流思想时，所谈内容没有苍白的笑语和空洞的寒暄，而是发端于内心的关注和理解，突出亲和力与认同感，让大家解开千千心结，把自己深藏的话倾诉出来，释放负担，一身轻松。

为什么群众与政府要闹对立情绪？政府已给了他们不少的政策优惠，他们为什么不领情？如何让他们真正变为市民？如何加快地方经济的飞跃发展？如何实现社会的长治久安？历经半个多月的调查研究，一连串的问题终于被张云平完全厘清：

一方面，重钢迁入后，政府实行就近集中安置，也相应地把农村的社会关系网络带进了城市，为集访闹访提供了一呼百应的便利条件。究其原因，失地农民主要存在身份焦虑、本领恐慌、权利贫困和文化陌生等四大困惑，直接导致群体闹事的不断发生。仅2008年就发生各类信访案件46起，其中集访案件21起，100人以上闹访案件11起；参访人群中，60岁以上的老人占四分之一强。

另一方面，复杂的社会矛盾呼唤能持续沟通民众的新方法。社会矛盾源于个体利益结构的变化和冲突，化解处置社会矛盾，实际上是政府与民众通过沟通达成一致意见、放弃对立行为的过程。政府与民众沟通，通常有利益、权力和道德三种方式；而现实生活中，不少地区在处置社会矛盾时，多以钱财、利益换取平安，或以行政、司法权力强制保障稳定。在复杂的社会矛盾下只通过利益和权力手段维稳，结果是治标不治本，大多是短暂平静之后依旧是周而复始的动荡，最终难以实现持续稳定的目标。江南街道在当时也曾多次采取上述两种方式处置社会矛盾，结果是一波未平一波又起，始终陷入矛盾重重、四面楚歌的尴尬局面，维稳成本持续增加，社会矛盾愈加突出，结果是政府与民众观念意识对立，相互沟通中始终缺乏信任感，政府妥协退让，群众获取不当利益后一哄而去，继而引发更多相关利益体的连锁矛盾，引发规模更大、行为更过激的群体性事件。

复杂的社会矛盾、严峻的维稳时局和可持续发展目标，已成为考量江南党政班子重构社会治理模式效果的重大课题。

如何破题？如何挽救那些迷途的灵魂，涤荡世俗的污秽和尘埃，改变不良的社会风气，迅速化解时下复杂的社会矛盾，既确保取得立竿见影的效果，又实现长治久安的目标？朝发夕还，深度调研，农村那些满眼期盼的孤寡老人，与狗相伴的留守老人，儿女在外闯明天、父母跟着"漂"晚年的"候鸟老人"，还有社区的空巢老人、失独老人、失能老人等的生存底色，无情而深深地刺痛了张云平的心。"这些有着特殊境遇的群体，是处在'经济浪潮'中最寂寞、最脆弱、最需要被照亮的角落。""何处安放他们的暮年？"苦苦思索中，他在对自己也是对街道所有党员干部发出沉闷的叩问。

在街道班子成员会议上，对中国孝文化研究颇有建树的张云平，直面自己在调研中的所见所闻，联想到曾国藩"读尽天下书，无非是一个孝字"的见解。古孝文化源远流长，到春秋战国时期达到成熟，以后从魏晋开始，至唐、宋、元、明、清，就一直提倡"以孝治天下"。他说，《孝经》里有"夫孝，德之本也"。意思是孝亲敬老是各种道德的基础。在中华传统美德中，"孝"被视为百善之先；"孝"是人类最基本的道德准则。自古以来，对于子女、晚辈对父母、长辈的感恩赡养、尊敬扶助，中国人不仅将之作为责任和义务，而且还积淀为中华民族的一种民族情感。要"让古圣先贤智慧的甘霖润泽人们的心灵"。会议决定"以文化人，以文育人，以德治街"的社会治理理念，以"德治"的柔性方式，从教化人的思想意识入手，通过文化影响，建立政府与民众共同认可的价值体系，从而实现政府与民众持续有效的沟通与对话。

对于治理基层社会新模式的提出，用平常心做人、奋斗心做事、严谨务实、重信然诺的张云平阐述了四大理由：一是理论上有史可鉴。孝道早已由家庭伦理扩展为社会伦理及政治伦理，坚守古人那些指导人们做人、处事、立身、齐家、治国平天下的孝敬精义，是纵贯中国两千年历史的治国纲领。孝治理论虽为封建社会产物，但其中很多精髓延续至今并影响着现代社会，只要辩证地分析传统孝文化的现代价值，并扩展到和谐社会的建设中，就能让其在现代社会继续发挥代际沟通、家庭和睦、社会和谐的积极作用。二是能从思想上抓住根源。孝是最容易引起民众认同、产生社会共鸣的道德文化，也是最为广大百姓所尊崇的天经地义的伦理准则。弘扬孝道文化，可以起到事半功倍、迅速推广的功效。三是从时效上切中要害。在群访、集访事件中，群众常常将家中老人推到闹事前沿，为沟通与处置造成极大难度；孝文化的推广正好能有效解决这一棘手难题。四是从发展上看有持续长效之功。把传统孝文化改造后融入核心价值观，能发挥思想引领作用，持续引导大家向善、向美、向上，激发人民群众的正能量，建立起社会正向价值体系。

第二节 身体力行做孝善之举的楷模

孝是一个人善心、爱心和良心的综合表现，是天经地义的美德，也是各种优良品德形成的前提。怎样挖掘和光大古老的孝文化，营造人人向善、个个感恩的和谐社会氛围？始终把全街道118名五保、孤寡老人放在心中最高位置的江南街道党政班子成员，承袭古代圣人嬗递相继、薪火相传的一脉心香，用自己的真诚书写人间孝道，用实际行动诠释人间纯真的孝道情怀，不仅彰显了仁孝担当，还颇有成效地将个人的"小孝"升华为社会的

"大孝"，至诚至孝地捂热了老人们孤寂的心。

事情还得从2009年9月14日说起。那天上午，张云平独自一人前往扇沱福利院看望慰问老人们，对他们的生活、身体状况进行了全面细致的了解，并给每位老人送去100元慰问金。在此过程中，他看到已87岁高龄的龙佰瑄正身罹重疴、卧床不起，心里酸酸的很不是滋味。"老爹，我背您到医院去看病吧！""你说啥，还叫我爹？"老人似乎不相信自己耳朵。"嗯，从今天起，你就是我的干爹。"两人就这样开始了持续至今的"父子情深"。

龙佰瑄很久没有洗过脚的残酷现实，给张云平的冲击特别大。农村孤寡老人们那支离破碎的生活场景，那历经沧桑、饱经忧患的人生轨迹，那唠唠叨叨总也诉说不完的寂寞负累，在他灵魂深处引起了强烈的震撼，用"五味杂陈、刻骨铭心"八个字来形容也不为过。"孤老们除了吃饱穿暖之外，比普通人更需要情感上的关怀。""孝敬父母，是为私孝。"他说，"帮助孤寡老人越过生命的寒冬，维护社会和谐，才是共产党人的大孝！"

自认了"干爹"的那一天起，张云平一有空隙就跑去给龙佰瑄叠被褥、理房间、揉背洗脚，嘘寒问暖，无微不至。之后5年的春节长假，他都要把龙佰瑄接到家里过新年。在短短的7天假期里，"儿子"一家大小都围着老人转：清晨刚刚起床，"儿媳"就把洗脸水、漱口水端到他面前，接着就是一碗滚烫的荷包蛋，蛋汤里的野生蜂蜜把老人的心都甜透了；上午，"儿子、儿媳"搀扶着他去逛公园、看风景；午休后看电视，他从地方新闻里寻找到自己的家乡，那山、那水、那狗，鲜活而熟悉的镜头，常常使他笑得像孩子般那么淳朴；晚饭时，"儿子"把煲得软软的、香喷喷的鸡腿放到他碗里，那一句句"老爹，多吃点"的话语，直叫得老人心生暖意；吃过晚饭，"儿子、媳妇"抢着给他洗脚、揉背，再扶他上床安寝……平白无故地捡了个孝顺儿子的龙佰瑄，心安理得地享受着儿孙绕膝的天伦之乐。

如果说中年丧子时，老人还没体会到"老有所依"痛点的话，那么，人到晚年，一场小病就会让这种情绪迅速膨胀。"要是没有云平，我的残年真是不敢想象。"龙佰瑄说。记得那是2013年9月的一天，老人突发脑出血，张云平急忙送老人去医院诊断治疗。期间，他不仅亲自去探望老人，为老人洗衣、喂药，陪老人聊天解闷，还自掏腰包专门为其请来一名陪护照看老人。在他的细心呵护下，当时已92岁高龄的龙佰瑄居然奇迹般地康复起来，出院的那天，他喜极而泣，告诉医护人员："有云平这个儿子，我这一辈子都值了！"从此，全街道的孤寡、五保老人病逝前，办事处都要安排专人进行陪护，给予他们人生最后一程的关爱。

当下，随着社会的急剧转型，传统的道德价值体系尤其是孝道遭受到激烈的冲突与损毁，人们爱幼有余而尊老不足的现象十分突出，部分青少年的孝观念处于断裂与冲突之中。所以，习近平总书记曾强调：弘扬践行社会主义核心价值观要从娃娃抓起。张云平针对独生子女日益增多的现状，发动学校、社区和家庭相继展开了"鸦有反哺之意，羊有跪乳之恩"的教育活动，以此增进亲子感情、培养感恩意识，从而使父母与子女关系融洽，进而促进家庭与社会和睦。"我们曾经幼，我们必将老。如果能把尊老爱幼的中华美德世世代代传承好，那么，我们的后辈就会尊重我们，我们的父母长辈也会得到更好的尊重。推而广之，中华民族的风气就会更加风清气正。"他感慨万端。

张云平几乎都记得街道社区内每一位老人的名字，这些老人也都有他的手机号码，谁家房屋漏水，谁家下水道堵塞，甚至邻里之间闹纠纷等，老人们都会给他打电话，无一例外；他也总是第一时间对老人们反映的问题进行妥善处理，坚持将他们的"柴米油盐"作为自己的行政"大事"来抓，多办顺应民意、化解民忧、为民谋利的实事。久久为功，张云平对孝文化的笃信、传承和躬行，赢得了社会的广泛认可，他先后获得重庆市"孝亲敬老之星""孝亲敬老楷模"和"全国孝亲敬老之星"殊荣。

党工委副书记、办事处主任余罡第一次见到刘金田时，老人那经过风雨鞭打的面孔，沟壑纵横。他仿佛看到了老人身上岁月的沧桑、生活的艰辛和操劳的痕迹。历史的责任与重担使他的脚步不免增加了几分凝重。他认刘金田为"干爹"后，总是定期带着礼物去敬老院探望他，铺床叠被、洗脚搓背、四季兼程、从未懈怠。同时还千方百计联系社会爱心人士，为老人们送去了洗衣机、空调、羽绒服、保暖内衣、棉鞋、手套、食用油、大米、腊肉、香肠及慰问金，亲情浓于血的氛围令一些儿孙满堂的人羡慕不已。

2014年3月，刘金田老人突发疾病去世。为了让老人走好人生旅途中的最后一程，张云平、余罡和街道志愿者一道为其整理遗容，举办追思会，送老人入土为安。在此基础上，他们督促街道办在敬老院建立"追思屋"，追思屋内悬挂去世老人的遗像，设立《人生故事》和《人生感言》两个册子，前者用于记录去世老人的生平，后者为参观群众提供留言机会，让五保、孤寡老人感受到党和政府无微不至的关怀，体现他们的人生价值、人生尊严，使健在的老人们的心灵得到慰藉。

2014年深秋的一天晚上，党工委副书记、人大工委主任何斗锡又自己率领家人到敬老院为干爹陈明志祝寿。"又让你破费了，老是为我一个孤老头花销，不值呀！"何斗锡笑着说："怎么不值？等您满100岁那天，我们还要给您热热闹闹过大寿呢！"陈明志不断地抹着泪，那是一份久违的激动。是呀，老人过去那些流落的日子，那些被世俗歧视的冷遇，那些悲愤和伤感，就在生日这天变成了一种真挚和亲情。

桃李不言，下自成蹊。街道领导默默无闻的个人修为，不但带给人们久违的心灵感动，也让人们注目与追随。率先垂范的感召力，影响和鼓舞着其他党员干部纷纷走出机关，走向田野，用一颗颗真诚的心去抚慰那些情感失血和虚弱的老人。而今，江南街道118名孤寡、五保老人，在生命之火即将走向熄灭的岁月里，都有了自己的党员干部"儿子"或"女儿"。他们在"子女"们真诚关爱下，捡回了晚年的盼头和幸福，昔日的疲惫、辛酸和沧桑脱变为开心的笑容。

2009年9月1日，星期二，农历七月十三，长寿湖的夜，静如处子。一轮明月安静地照着准备入睡的村庄、山峦和空无一人的小路，党工委统战委员刘洪英正在一家特色餐馆为干爹何英豪祝福80岁生日。事先，为了把干爹的生日宴办得热闹一些，也使老人真正感受到家的温暖，她将自己的亲生父母、丈夫和已结对帮扶的龚玉廷一同请来，还邀上部分同事和朋友参加。开宴前，她把购买的新衣服、水果、鲜花等恭恭敬敬地送到老人手中；待酒菜上桌后，她与大家一道为老人唱起了生日快乐歌。整个晚宴，刘洪英不停地为老人添上喜欢吃的菜……老人不断地抹着泪，那是一份久违的激动，一种"家"的温暖和真挚的亲情。

豆花、香肠、血豆腐、回锅肉等家常菜陆续上桌，"父子俩"聚在一起，一边喝酒吃菜，一边拉起了家常。"老爹，你这几天腰椎和脚还痛不？"街道调研员毛公明拉起一名老人的手，亲切地问道。老人叫王恩波，年近80岁，是街道天星村4组的孤寡老人。据了解，他已在敬老院呆了14年。2009年，在街道的"认干亲"活动中，他和时任统战部长的毛公明结成了对子。王恩波年纪太大，有些耳背，凑上前，半天才听清楚："现在身体还行，谢谢你的牵挂！"

与王恩波同新村的雷卓礼、黄茹杰夫妇，古稀之年，无依无靠。住了几十年的两间土坯房摇摇欲坠，一遇下雨，"屋外小落，屋内就大落"；如果是刮风下雪，刺骨的过堂风把老两口冻得浑身哆嗦。到2009年秋，因为买不起猪苗，老人已有6年没有杀过年猪，"铁锅都生了锈。"生活的困顿艰辛使这对相依为命的"五保户"夫妇没有了生命的喜色。2009年9月16日，街道农村服务建设党支部的舒德斌、高翼邀请村党支部书记带路来到雷卓礼家。"他们是街道办的党员干部，专门来拜你们为干爹、干妈的。"村支书介绍。舒、高二人向雷卓礼、黄茹杰夫妇深深地鞠了一躬，异口同声地说："今后我们就是二老的儿子，祝干爹、干妈晚年健康、幸福！"随后，舒德斌、高翼一面把早已准备好的1000元现金交给干妈黄茹杰，一面开始为二老打扫房间，又架锅点火煮起自己带来的猪肉、鱼和鸡块等，共同陪两位老人高高兴兴地吃起了丰盛的午饭。

两位"干儿"走后，舒德斌逢人就讲："我们有儿子了，还是两个呢！"那份喜悦溢于言表。第二个星期天，舒德斌、高翼又来看他们的干爹、干妈了。这一次来，他们办了三件事：把二老的旧衣服全部换成了新装；出资请人翻修了两间老屋；买了一头30多公斤重的猪仔。后来，舒德斌老两口又多次被两个儿子分别接到家里过节，孙辈们"爷爷、奶奶"地喊得欢，"那份福气哟硬是巴实得很。"

龙桥湖村75岁的孤寡老人廖志友是江南街道"九年制学校"校长、党支部书记但向东的干爹。廖老汉孤苦伶仃几十年，从没有品味到亲情的滋味，苦涩、绝望、麻木概括了老人的全部生活。自从有了"儿子"但向东，他似乎年轻了20岁：开始养6只土母鸡，说"不许儿孙吃饲料鸡蛋"；开始自己种菜，说"不许儿孙吃化肥蔬菜"；开始每周六打扫房间，说"等儿子、儿媳和孙儿回家"。的确，只要没有特别忙的工作，但向东每周都要带着妻儿回干爹家过周末，同时背一大包老人喜欢吃的罐头、冰糖和"东北饺子"等；回学校时，廖老爹就"强迫""儿子"把土鸡蛋和自己种的蔬菜带走，再三叮嘱"吃自己家里产的东西放心"！亲情浓于血的氛围令人感慨不已。

锯梁村5组的廖志芳、张仁礼夫妇，4年来一直义务照顾村里20多位空巢老人的饮食起居。2011年儿子遇车祸去世后，夫妇俩悲痛欲绝。大学生村官唐晓燕获悉后，赶到廖家认亲："你们义务照顾20多位老人是人间大孝，今后就让我来当你们的女儿，为你们养老送终。"唐晓燕的举动得到了家人的支持，她的男朋友也专门赶到廖志芳住处"认家门"。

冯海明、王德仲、江能义……全街道的孤寡、五保老人，都有了自己的党员干部"干儿子"，他们都得到了"儿子"们细微的关爱，过去那种身心无依的撕裂感得到了良好的修复。

第三节　让孝治理念像空气一样无处不在

孝文化之所以具有穿越时空的永久价值，是因为它能随着时代的变迁而不断丰富和发展。但孝文化建设不是一朝一夕的事，不是一份文件、一次会议、一个活动就能解决的。一个社会孝道规范的形成，往往需要很多年，甚至几代人的传承发扬。如何深入推进孝道文化建设、建立长效机制，于传承中集成，于变化中创新，确保"道德主体的挺立"，让爱充满整个社会，凝聚成一股力量？江南街道的决策层们再次开始了苦苦的思索。

建章立孝、规范孝行为是他们的首推之举。推动孝文化价值观大众化是一项长期而艰巨的任务，必须要有制度作保障。于是，街道先后研究出台了《关爱老人若干制度》《培育发展孝道文化实施意见》，利用媒体发出了《开展孝道行动，建设孝感江南》倡议书，落实了21条关爱老人的具体举措；倡导全民孝老敬老，以文件形式正式将孝道文化作为江南街道核心文化加以培育，同时将其纳入党政议题。街道每年年初都要对孝道文化建设进行一次专题研究，落实当年的工作目标和任务；每月党工委会议都要至少一次将孝道文化建设纳入专门议题，检查督促工作进度及实施效果，研究解决工作中存在的问题和困难，安排布置下一阶段任务。这些措施有效地保证了孝道文化工作的强力推进。

新版"24孝"行为标准出台后的9月27日，街道又以全面提升市民素质为主旨，展开了"上善若水，孝感江南"系列活动，此项活动符合人民群众做人处世的行为规则，也集中凸显了孝德文化和民族精神的传承与弘扬，标志着全街道以新孝道文化为核心的"文化引领工程"转型升级。

活动突出"关爱今天的老人，就是关爱明天的自己"这一主题，其内容包括：对全街道84户69周岁以上困难老人进行走访慰问；每逢重大节日，街道组织开展文艺演出，都要邀请老人观看和参与演出，丰富老人文化生活；结合老人的身体特点，由大学生村官编创老人健身操，在敬老院、村居为老人现场教授推广；组建老年维权中心，聘请2名律师义务为老人提供法律援助。

2012年"重阳"节那天，全街道机关干部一对一地与118名孤寡老人重新签订"以信行孝"承诺书。承诺书约定党员干部要把结对帮扶的孤寡老人视如亲生父母，每月用电话或其他方式问候老人1至3次，每两个月"回家"陪老人吃1次饭，每年陪老人过生日，请老人回家过春节，每年为老人做1次体检等。上述行为要接收社会、群众、舆论的公开监督。这是铿锵承诺，也是率先垂范，更好地回应了新《老年人权益保护法》"精神慰藉"一章的规定。

处在时代转型时期的人们，力图摆脱浮躁、走出迷茫。就像禾苗需要阳光和雨露那样，在孝文化断层时期成长起来的一代人，犹如干旱土地上的苗木，渴求传统文化的指引和滋养。为了找到文化与经济联手的结合点，街道与重庆工商大学合作，组建了江南市民学校，聘请大学教授常年进校开设孝道讲座；举办社区道德（孝道）讲堂，立足发掘身边道德模范，现身说法，感化教育市民；每月举办江南大讲坛，针对街道、社区干部开展培训，有效地提升了干部的执政能力；躬身向大师级学者借脑借力，邀请中国策划协会专家谋划重庆市首家"中华民族孝道文化基地"项目，要求依托扁鹊福利院，以挖掘和弘扬孝文化为着力点，以"孝""慈"结合为主题，在继承优秀传统文化的基础上，警示和感化现代人，打造集孝道教育、爱国教育、参观旅游、休闲养生于一体的综合性项目，突出城市主流文化品牌。

在经济生活渐成主调、文化诉求走上前台的当今，浓厚的孝道教育氛围是江南街道助推新孝文化转型升级的又一亮点。一方面，街道每年都要定期开展"十大孝星、十佳儿媳"和"十好公婆"评选活动，在此基础上，组织这些孝德模范巡回演讲，运用其生动事例教育人、感染人和影响人，引领社会风尚，并将孝德纳入评奖评优乃至使用干部的重要标准，形成良性循环的激励机制。另一方面，街道从管理制度创新入手，积极为孝文化推广创造条件。街道机关率先推行内部情感管理机制，明确柔性批评、交心谈心、生病探望、困难慰问、帮扶鼓励、学历提升、离退休送别、干部培养成长等13项人性化管理制度，营造"家庭式机关"的和谐氛围。第三是从"贴心服务感化人、道德修养教育人、文化知识提升人、文娱活动陶冶人"等7方面培养文明良习；组建农民教育师资队伍，投资20万元建设9个农家书屋，开展"万人文化活动赶场"，设立爱心感恩教育基地，开设农民教育广播栏目，组建"高原红"演出队和江南民乐演奏队到村社巡回演出等诸多提升民众素养的活动；组织大学生村官常年为老人送知识、送节目、送电影活动，编撰印发江南版《弟子规》，在街道图书馆和各村居借阅点设立孝道书籍专柜，使孝道文化迅速而广泛地"进厂区、进校园、进社区、进农村、进家庭"（长寿区教委已将该版《弟子规》作为全区小学必修课程进行推广）；自筹资金拍摄《孝感江南》《谁对百姓亲》专题记录教育片和微电影《看见》《五堡山》等，其中在全重庆微电影大赛中，《看见》以江南街道干部的真实题材背景感染了评委和大众，赢得了最佳导演、最佳女演员、最佳组织三项大奖；在机关干部、村居干部中展开"上善若水，孝感江南"主题演讲比赛，对演讲中获胜的叶永红等6位优秀选手进行表彰；指派江南卫生院医生到村居公共服务中心义务为60岁以上的老人免费体检，传授健康养生知识；制定优惠政策，启动孝道产业园，吸引孝子返乡创业。受孝道文化的感染，在外创业务工的子弟已陆续回乡2000余人，在本地新办企业50余家；9个村居的228名志愿者成立了11支孝亲敬老队伍，为老人们义务宣传、义务劳动、义务维权、义务体检，很快成为江南老人心中的"119""110"和"120",这支队伍很快受到了重庆市委、市政府的表彰。

随着孝道文化宣传的深入,社会关注度的不断增强,来自重庆、长寿等地的10余家企事业单位,先后将江南确定为孝老爱心教育基地,常年开展体验性教育活动,不少企业还为江南的孝文化建设与推广添砖加瓦,提供智力、财力、物力帮扶。星月无言。江南街道独具特色的孝文化建设,引起了中央、重庆等区外媒体的高度重视,人民日报、光明日报、农民日报和中央国际广播电台及多家省(市)级卫视均对江南街道进行了相关报道,引起了较大范围的社会反响。

内心认同才能自觉践行,春风化雨才能润物无声。也就是说,内化于心,方能外化于行。近6年来,江南街道对"孝"赋予鲜明的时代特色,使之成为"文化基因"植入人心,使全街道自觉践行孝道的价值观念像空气一样无时不有、无处不在。

农村老年人问题不仅仅在于孤寡老人,还在于子女被城镇化浪潮卷走、他们却留守在故土的空巢老人,他们都需要善良的人们用真诚去修补落寞的情感,打开那一扇扇紧闭的心扉。锯梁村的周跃国、朱明珍夫妇在福建打工群落里是比较优秀的,经济收入一直比其他乡亲高得多。然而他们的母亲早年去世,家里剩下85岁的父亲留守独居,虽然生活富足,内心却十分空落。2012年4月,夫妇俩毅然放弃刚盘下的超市回归故里。老父亲知道后认为儿子、媳妇很傻,"看到大钱不赚,回家陪我这把老骨头划得来吗?""钱是挣不完的!您看那些党员干部都在尽孝心,我们不把您老服侍好,别人会戳背脊骨的!"

子女相伴、不离故土、不离亲朋,享有尊严、不为负累、优雅老去,这可能是多数中国人的愿望,也正是"中国式养老"致力探索解决的课题。被评为"十大孝星"的大元村朱应红,初中毕业后就没外出打工,而是在家务农就近照顾父母。她说,在"江南市民学校"听大学教授讲孔子,老夫子"父母在,不远游"的观点自己很赞同,"父母现在年事已高,身体不好,我们做儿女的只能在身边尽点孝心才能报答双亲。"该村73岁的夏家容老人说起朱应红来,就不由自主地称赞:"她就像是我们的亲女儿,甚至比自己的娃儿对我们还好，遇到她是我们老两口的福气哟！"原来，朱应红每周都会定期去看望老人，给他们收拾屋子、洗衣做饭，闲来无事都会陪二老拉拉家常，院子里经常笑声一片。老人生病了，她还会用自己微乎其微的收入给他们看病买药。"我们每一个人都会老，都会遇到点难事。"几年来，不管是自己的双亲，还是同村的老人，她都从一点一滴的小事做起，尽着自己的孝心。在她看来，这并不是什么壮举，但她的精神却感染着全街道每一个人，成为众人学习的榜样。

一点一滴的友爱与温暖的积累，都在诠释和彰显着一串串质朴的信仰与善良的心灵，都在向年轻一代进行道德启蒙。而今的江南街道，旧的价值体系已悄然崩解，时代精神的火花在这里凝练、积淀下来，传播、感染着人们。

2010年3月，长寿移动公司的青年志愿者到江南福利院开展慰问活动，不仅为老人们了带去棉被、电磁炉、电炖锅、电子秤、雨伞等生活用品，还现场为老人们表演了歌舞文娱节目。

2010年年底，来自重庆协兴房地产有限公司、重庆龙攻建设工程有限公司和重庆育恩老年公寓有限公司等企业的20余名孝亲敬老慰问团人士为扇沱敬老院送去了棉衣、棉被、围巾、水果等过年用品，还凑钱买了一头大肥猪，陪孤寡老人们吃了一餐丰盛的团圆饭。

2014年1月22日，重庆正耀置业发展有限公司、重庆梦达建筑劳务有限公司的负责人再次走进了扇沱敬老院、大元村、五堡村，为当地140余名孤寡老人、孤儿和生活困难的儿童送去了价值5万元的新春贺礼。据悉，两家企业的老板均为本地人士，自2010年以来，企业已连续4年回乡献爱心，累计送去了价值35万元的爱心捐赠。

江南九年制学校经常组织学生定期到扇沱福利院为爷爷、奶奶们打扫卫生、洗衣服、捶背揉腿……

第四节　江南嬗变归依于润泽心灵的孝治

让我们展开岁月的长卷，拂去历史的烟尘，去感触江南以孝文化润泽心灵的人间真情，去解读他们用千年文脉重构治理基层社会范本的六度春秋。我们欣慰地看到，他们把孝文化的"根"深植在群众的心里，使传统孝文化呈现出一种兼容并蓄的厚度和弧度，彰显了孝道教育的深度和道德实践的温度。静悄悄地嬗变了的江南，村风、民风和经济社会发展发生了质的飞跃。

孔子提出孝是德的根本，正因为要讲孝，所以才有"教"。教学、教师都是因为要宣传孝才得以产生。每个人应当从侍奉双亲开始，努力为社会做贡献，最后才能实现人生的真正价值。"孝，始于事亲，中于事君，终于立身。"孔子把孝的三个层面讲得非常清晰，分别是侍奉亲人、效劳社会、扬名后世，依次递进，一个比一个高级。立身行道，勤于政业，是当代领导干部"中于事君"、为社会效劳的行政价值。于是，江南街道在行孝善举中，始终视孤寡老人、失地农民和留守儿童等弱势群体的根本利益高于一切，主动施政、强力作为、真诚付出。

重钢迁建投产和两大园区的快速发展，为江南街道带来了大量的就业机会，街道党工委把为农民办好事、做实事、解难事与"送岗位、送政策、送培训"活动结合起来，在社区设置502个公益性岗位，组织"春风行动""就业援助"和"草根援助"等活动，实现城镇就业6827人，转移剩余劳动力就业10027人，新增就业1521人，成功创建了4个"充分就业村"。

基层群众能享受"群众动嘴、干部跑腿"的优质服务，得益于江南街道建立的代办制和引导员制。近年来，他们进一步深化代办制度，将以前村居民到村居委会将交由事项村干部代办，改革为村居干部主动上门到村居民家中收集代办事项，将服务送上家门。同时，在办事处大厅设立村居民办事导引平台，每天由3名干部组成专职导引员，全天候接待群众，主动询问村居民所办事项并做好登记导引，告知其应找人员及所在办公室，将年老、残疾、不识字的村居民亲自带到所找部门或分管领导处，并交待需办理事项。据不完全统计，仅2013年，导引平台共计接待群众3526人次，接受政策咨询1325人次。

留守儿童是亲情缺失、家庭教育缺失、学校安全缺失的特殊群体。为了使全街道200多名"落单的燕子"心有人爱、身有人护、难有人帮，街道出台了《关爱帮扶留守儿童实施意见》，规定每个村、社区建一所"留守儿童之家"，以及建立留守儿童档案、统一配备常需物品、免费提供爱心午餐、建立关爱帮扶机制、协调开展关爱活动、组织开展亲情慰问、设立代理家长、举办母亲体验、开展科教文化活动等。《实施意见》要求党员干部要将自己关爱帮扶的留守儿童视如己出，每月至少亲情慰问一次；每月陪伴留守儿童免费观看电影一场；每两个月与留守儿童家长电话交流一次；每年组织留守儿童到市博物馆、科技馆参观一次，真心实意地给孩子们一种力量、一份爱心、一种温暖，为孩子们的心灵"安家"，重塑他们的精神世界，让他们不再"留守"。

"民用和睦，上下无怨。"孝道文化正悄无声息地影响并改变着每个江南人，以恶为耻、以善为荣的荣辱观，个人利益应遵循社会规范的价值观正在民众中悄然形成。更多的人有了自身的价值追求，以前好逸恶劳、惹是生非的"混混"，而今在政府的帮助下，走进了重钢生产车间，成为自食其力的能人；昔日邀约邻里、撺掇闹事的"领头大妈"，有的办起了自己的小商店，有的活跃于社区宣传文艺舞台，成为江南文化的传播骨干。

南滨路社区居民王永华以前经常组织居民到处上访，素质提升活动不仅彻底消解了她过去与政府对着干的心态，而且还使之成为社区文艺骨干，常常通过文化活动深入到农民群体中，宣讲党和政府的惠民政策，带头做好群众工作。

一辈子面朝黄土背朝天，守着土地、守着老屋，已成为龙山社区76岁的孙亚明夫妇风烛残年里执拗的信仰。尽管老两口孤苦伶仃，但他们还是倔强地不愿到唯一的儿子的所住地湖北定居，令社区邻里唏嘘不已。在推进孝文化进社区的过程中，街道成立"尊老爱老志愿者服务队"，将二人纳入服务对象。"孙老头坚决不同意，非要与干部们一道去福利院认干哥干弟，还把每个月的1000多元社保金捐给孤老们，劝也劝不转。"办事处主任余罡说。"老头子常常跑到福利院去当义工，把我甩在小百货店里为他挣生活费。"孙亚明的老伴摇摇头后又开心地笑了。

2011年4月22日，龙山社区休闲文化广场热闹非凡，江南街道农民教育活动再掀热潮。过去常与政府"作对"的大元村村民江绍全高声朗读完《主动参与农民教育活动，积极争当江南新型农民》倡议书后，来自各村

（居）的上百名村民代表在启动仪式上签字承诺：争做守法纪、有道德、有文化、懂技术、会经营的新型农民！

而今，走进江南街道，你可以深切地感受到，无论是干部还是普通百姓，都有与其他地区不同的精神面貌。与他们聊天攀谈时很少听到对政府、对社会负面问题的抱怨，感受到的是作为江南人的一种自豪，体会到的是他们建设好家乡的强烈愿望。江南街道这种针对人灵魂的文化感染和影响，从意识上扼制了社会"乱源"，是社会治理的其他手段无法实现的。

家和业兴才能促使社会稳定，江南的孝道文化对家庭的影响效果同样明显：

一、减少了家庭矛盾

在孝文化的影响下，家庭成员都能较好地处理彼此之间的关系，子女孝顺换来的是父母长辈的慈爱，得到的是弟兄姊妹的友爱，获取的是夫妻之间的恩爱，家庭成员间大多能够通过协商解决好分歧与矛盾。良好的家庭关系和秩序，为促进社会和谐稳定奠定了基础。近几年来，社区、司法所调解处置的家庭矛盾纠纷案件大幅度下降，特别是财产、抚养等问题的涉法涉诉案件明显减少。

二、维护了老人权益

孝敬老人如今已蔚然成风，不孝不敬老人必将被邻里群众千夫所指。自2010年以来，全街道虐老弃老案件得以杜绝。在信访中，家庭将老人推向前沿，到政府耍赖撒泼的现象已经得到根治。

三、影响了子孙后代

从江南学校孩子们清晨诵读《弟子规》的琅琅读书声中，可以深切地感受到这些后辈传承孝道文化的希望与未来，这样的传承必将使江南孝道文化在继承中得到不断完善和提升，薪火相传，生生不息。

江南街道实施孝文化治理社会后，成功地实现了社会的由乱到治和长治久安，取得了前所未有的社会效益：

一、维稳成本大幅降低

维稳成本包括经济成本、政治成本和社会成本，仅从经济上讲，人力支出、设施设备、办案经费等就已付出惊人。从全国部分地区的情况来看，维稳支出每年以两位数增长，相当于甚至超过政府的民生支出。仅就长寿区江南街道而言，2008年共发生20余起集访案件，直接维稳投入高达100多万元。实现孝道文化治理后，这里每年维稳的平均直接支出不足15万元，到2013年只有8万元，同时还收到了无法估量的政治及社会效益，可谓是一本万利之举。

二、政府公信力空前提高

街道的具体行动贴近群众，极接地气，深得群众的拥护与信赖，成功完成了执政形象由强势对立向亲民务实的转变，群众的信任度大幅度上升。

三、社会价值体系逐步建立

大规模的社会全民道德素质教育，已使孝文化成为江南大众共同尊崇的道德约束和伦理准则，形成了以孝为核心的江南道德价值体系，并深刻影响着江南的经济社会发展，仅以2014年为例，街道地方财政收入23547万元，是2008年的7.9倍；农民年人均纯收入13475元，是2008年2.79倍。这是一组值得回味、值得咀嚼、值得思索的数据，它是党性的组合，意志的组合，民心的组合！

第十一章 媒介视域下的"孝文化"传承

　　"孝"属于家庭伦理道德范畴，媒介视域下的"孝文化"传承多见于民生新闻板块。中国新闻媒介作为党和人民的喉舌，一方面肩负着党和人民赋予的神圣使命，为党、人民和社会服务；另一方面，残酷的竞争也迫使不少媒介开始"不择手段"，为吸引受众眼球，不惜偏离媒介职责，盲目报道甚至跟风报道，没有明确的指向，更不能正确引导舆论，发挥媒介的教育功能。如《重庆时报》2005年9月17日刊登的《重庆漂亮女大学生为救患病母亲欲卖掉自己》，东北新闻网2006年2月16日报道的《父亲为供女儿读书瞒病五年，女研究生欲卖身救父》等就是例子。现实生活中，救母、救父的途径多种多样，动不动就卖身并不是我们倡导的行孝方式。但就传播的主流而言，媒介视域下的"孝文化"传承，大致体现在推行正义、激发对公共问题的独立思考，以及运用正面典型的生动事例教育人、感染人、影响人，引领全社会形成"知孝、懂孝、行孝、扬孝"的良好风尚等方面。

第一节　城镇化中如何安放"夕阳红"

　　由于时间、环境的变迁，在城镇化过程中，孝文化的传承被不少人所忽视，不少人在"孝"观念与"孝"行为上存在着不能供养父母、不能体谅和尊敬父母等诸多问题。因此需要发挥家庭的基础性作用、学校的主导性作用、大众传媒的引导性作用和法律的规范性作用来传承优秀孝文化，营造和谐的社会氛围。

　　城市记忆着昨天、承载着今天，也创造着明天，不仅是经济增长和财富创造的大舞台，也是社会进步和文化传播的先行者。2014年3月，《国家新型城镇化规划（2014-2020年）》颁布；2016年2月2日，国务院《关于深入推进新型城镇化建设的若干意见》出台，新型城镇化建设政策的落地必将影响不同利益群体间权益的博弈。他们将以各种渠道与形式发出各自不同的声音，在主流媒体、市场媒体、民间和境外的多元舆论场间形成冲突、对抗和拉锯，呈现出喧嚣、纷杂、激荡的舆论景观，影响社会的稳定发展。

新华社北京2016年2月23日电：中共中央总书记习近平日前对深入推进新型城镇化建设做出重要指示，强调要坚持以创新、协调、绿色、开放、共享的发展理念为引领，以人的城镇化为核心，更加注重提高户籍人口城镇化率，更加注重城乡基本公共服务均等化，更加注重环境宜居和历史文脉传承，更加注重提升人民群众的获得感和幸福感。

新型城镇化是十八大以后提出的概念。回望过往，传统的城镇化以"城市扩建、规模扩张"为核心的城镇化吸引着大量的农民"洗脚上田"、涌向城市，把农业生产、人情压力、抚养子辈等任务交给年迈的父母，于是就出现了"空巢老人"这一特殊群体。据新加坡《联合早报》报道：有数据显示，2000～2010年10年间，中国城镇中的"空巢老人"比例由42%上升到54%，农村由37.9%升到45.6%。2013年中国空巢老人人口超过1亿。随着第一代独生子女的父母陆续进入老年，2030年中国的"空巢老人"数将增加到两亿多，占到老人总数的九成。

综合检索Web of science数据库和中文CNKI数据库，近年来对城镇化的研究主要集中在以下几方面：一是勾画城镇化发展现状与特征。城镇化是个复杂、多方面的过程，涉及从农村向城市区域人口迁徙、农村和城市土地的转化、空间资源的重新分配、政府在治理和管理上的改变等。二是分析城镇化的影响因素。中国户籍制度近年来虽得到政策调整，但依然存在很多问题，阻碍了城镇化进程的步伐。三是探讨城镇化所造成的影响。中央政府推行新型城镇化建设，将在未来从土地、城镇效率、财政等各方面给中国带来巨大影响。

城镇化是历史发展中不可逆转的大势所趋，不由人们的意志而转移。在城镇化进程中，有一种选择叫离开，有一种趋势叫进城。大批青壮年从山村走向了城镇，慢慢残破的民居、日渐稀少的人迹，看不到袅袅炊烟，也看不到成群的孩子玩耍，村里就仅剩下老人、狗和鸡等少许活物，这是不少媒体描述的正在消失的村落的命运轨迹。中国社会科学院农村发展研究所宏观室主任党国英曾给"消亡的村庄"这样一个定义——如果一个村庄剩的户数和人数到达这样一个状态：红白大事凑不起办事的人手，现有适龄年轻人在村里找不道对象，后辈年轻人再不愿回村居住，那么，这个村庄也就"不亡而待尽"了。《都市快报》的《天下》周刊曾经对赣西北3个"空心村"进行调查，发现有11个自然村平均居民不到8人；村民外出打工，留下了"空心村"，有的地方还干脆说成是"空壳村"。其中，有400年历史、最辉煌时人口近400人的安溪县龙门镇桂林村万格坑村仅有一位80岁的老人，寂寞孤独的夜晚，老人点着煤油灯，与一条叫"旺旺"的黄狗相依为命。

在不少专家看来，受城镇化冲击最为严重的正是作为养老基础的家庭。全国老龄办副主任吴玉韶曾指出，不断增多的"空巢老人"使现有的养老体系面临生活保障、日常照料服务和精神慰藉三大挑战。"传统孝道的退化、计划生育、人口流动等因素导致家庭结构改变，增加了家庭赡养的难度。另外，4-2-1家庭结构（1个孩子需供养2对父母4对祖父母）也在一定程度上加剧了老年人遭歧视、漠视、遗弃等现象的发生。"山西大学法学院教师王霄燕如是说。

客观而论，现有的研究中，对"空巢老人"生存状态的研究并不充分，而这些"有儿难依"的老人们，多数都处于"出门一把锁、进门一盏灯、独出独进"的生活状态。面对着冷清凄凉的家，老人很容易产生寂寞、孤独之感，导致情绪低落、焦躁不安、无精打采、郁郁寡欢、孤僻抑郁等心理问题，常常表现出有焦虑、恐惧、孤独、抑郁、情感饥饿等特征的"空巢综合症"。国家老龄委在《中国老龄事业发展报告2013》中指出，留守老人的心理情绪问题非常严重，甚至有部分老人出现自杀倾向；我国老人的自杀率已达到万分之三十，世界罕见。

多家媒体发出了这些报道：安徽蚌埠"空巢老人"去世1周无人知晓、甘肃省杂技团家属院75岁老人被发现在家中去世、南京秦淮两位老人2015

年春节后居然不约而同选择轻生、湖南省长沙市文艺新村19栋95岁的抗战老兵林协顺于同年从3楼跳下身亡、长春市滨河小区516栋3单元602室一名"空巢老人"蜷缩在小床上静静地离开了人世10多天后才被发现——老人去世后，警方联系其家属，之后老人的妹妹和妹夫来到现场，而老人的女儿一直联系不上……"空巢老人"在家"孤独死"的消息层出不穷，让我们感到无比的哀痛，同时也不得不进行反思。

《吕氏春秋·孝行》云："民之本教曰孝，其行孝曰养。养可能也，敬为难；敬可能也，安为难；安可能也，卒为难。"孝文化包括养老、敬老、送老(送终)三方面。养老，是物质上的奉养。这种奉养要求子女将最好的东西奉献给老年人，使其饱食暖衣、营养充足，是谓"善养"。敬老，是精神上的尊老。其指在社会上要形成尊老的风气。送老，指以礼送葬。当老人百年之后，子女应依据礼仪为其送葬尽孝。现实无情。一些"空巢老人""孤独死"后，儿女们都不愿为其安葬。据《三湘都市报》报道：2014年6月17日，湖南岳阳县柏祥村，81岁的刘玉芳死于牛栏里，葬礼上，膝下7个儿女无一人哭泣；安葬的当天，老人坟前，只站了他的一个儿子，其他6个孩子没有来送父亲最后一程。

孝是人伦之根。孝的意义始于报恩，报答父母的养育之恩。所以说孝是从父母养育、家庭伦理开始的。父母养育了子女，子女就要爱父母、孝敬父母。兄弟姐妹都是父母所生，所以要"悌"，要爱他们。这说明，在成"人"之前，人畜无异，真正构成人畜差异的，就是一种情，一种亲情，一种叫"孝"或"孝悌"的亲情。现实生活中，不孝之子何其多？据《法制晚报》2013年11月26日报道：在北京市通州殡仪馆，一张泛黄的卡片显示已故4年的柴玉吉老人遗体送达的时间是2009年4月16日。4年前，法医从尸检室冲出来，一声怒吼震惊了老人的两个儿子："你妈那胃饿得像纸一样薄！长期处于饥饿状态，胃才可能磨成这样啊！"柴老太养育的5个儿子，为了抢父母房产，兄弟间矛盾激化，导致本该颐养天年的80岁母亲被活活饿死。后来，柴老太的3个儿子因遗弃罪被判处2年到3年不等的有期徒刑。儿子们刑满出狱后，已故4年的柴玉吉老人的入土为安，却仍然是一种奢望。

古人曰："老母一百岁，常念八十儿。"这一说法，让我们领悟到：母爱是天涯游子的最终归宿，是润泽儿女心灵的一眼清泉，它伴随儿女的一饮一啜，丝丝缕缕、绵绵不绝，于是，在儿女的笑声泪影中便融入了母爱的缠绵。"母爱就像一场春雨，一首清歌，润物无声，绵长悠远。"现实生活里，子女于父于母又做了些什么？能否给父母那衰老的灵魂一席安放之地？中国江西网2015年7月在一篇社会调查中叙述：在中国东部某省"新农村建设示范村"里，老宅基地被收回，经统一规划后重新分配。但只有儿子们拥有入住新居的资格，他们的父母，则要么搬到统一规划的"老人之家"社区，要么跟随儿子一起住。刘桂花(化名)无力在"老人之家"盖房，儿子又不许她同住，只得住进儿子买给她的铁皮房。

一个炎热的夏日，75岁的刘桂花像往常一样，站在一栋白色二层楼的门前乘凉。这是她花毕生积蓄盖起来的，可她现在只享有乘凉的权利。楼房归儿子居住，她则被"赶"到楼房不远处一个锈迹斑斑的铁皮房。每到夏日，这个10多平方米大小的铁皮房就像烤箱一样，刘桂花或许将在此度过余生。这只是一个普通得不能再普通的农村养老案例。而根据调研人员观察，像刘桂花这样为儿女盖新居、自己住在破旧屋子的现象并不少见。

事实上，这个村子的很多老人和刘桂花一样，安顿好儿女后，他们多数已无力再为自己盖房。"老人之家"的土地归集体所有，以自己小家庭为中心的儿女们也不愿在老人住房上投入过多。这些倾尽所有的老人如同耗尽了最后一滴燃料的火箭助推器，默默地隐没在"老人之家"那黑漆漆的小屋里。

缺乏精神慰藉对许多"空巢老人"来说是一种更大的伤害。为了改变晚景，一些老人采取了自救的办法，那是没有办法的办法。如重庆市一名叫吴豁然的暮年老人，为了不至于"死了都没人知道"，也为了填补空巢生活的寂寞，两年前在渝中区观音岩和信大厦边的一个张贴栏里写下招租告示："勤俭懂事、黑发黄皮肤的单身女性，空巢老人蜗居合住，0租金。非诚勿扰，互相关照、随访。观音岩天桥头，二楼。"此消息发布后，媒体又爆出青岛老人登报求领养的消息。据悉，77岁的郁崎离开家乡已经60年，上一次回青岛还是12年前，听到《青岛早报》记者熟悉的乡音，老人倍感亲切，拿出上好的西湖龙井茶招待。他告诉记者："求领养"的公告让他一下子成了社区里的新闻人物，在常州本地的新闻论坛上，大家对他求领养的事情看法不一，但他仍然坚持自己的初衷，希望《青岛早报》和《常州晚报》的跨省互动，能给他的空巢生活带来新的希望。

《新华每日电讯》的记者张宸写过这样一个小故事：他老家村子里有一位患股骨头坏死的"空巢老人"，每年大年初一，老人不到4点就起床，孤零零地站在村里的十字路口，就是为了和路过的人多说说话。这样的故事读来令人唏嘘，可这绝不是孤例，它有可能就发生在我们身边，只是形式不同罢了。家家都有老人，人人都会老去。今天还在感喟"空巢老人"寂寞的晚年生活，明天我们可能就成了等候儿女回家的"空巢老人"。怎样扎起制度的篱笆，给"空巢老人"筑起一个温暖的家，不仅是每年"两会"代表、委员们的话题，也与我们每个人息息相关。

一个人的村庄，抑或一群人的城镇，发展、变革，需要我们尊重现实，更需要我们尊重规律。新型城镇化被视为中国下一个10年经济发展的引擎，它的成败关乎2.6亿农民工和5000万名"空巢老人"，其关键则是城镇化是否真正从"人"的角度出发，通过对古孝文化的传承，重新唤醒人们对自己、父母、对社会的责任心。别让老人们岁暮苍凉、夕阳不红，成为永远难以弥补的遗憾。

"劳我以生，佚我以老。"养老是一个需要家庭、社会和政府共同努力解决的综合性问题。有专家指出：没有社会性解决方案，一味地把责任交由子女来承担，是不现实的。对于"空巢老人"问题，政府和社会应该承担起相应的责任，才能真正避免老人"孤独死"，解养老难问题。据悉，我国已明确以居家养老为基础、以社区养老为依托、以机构养老为辅助的养老模式。面对"不亡而待尽"的村落，以及那些一时难以"转身"的"空巢老人"，全国有不少地区和单位正在不断探索有效途径，希望通过努力，让千千万万已然空了的巢中的人的心不冷、不空……

据重庆市老龄委维权处相关人士透露：截至2011年年底，全重庆已有60岁以上的老年人口539万，占总人口的16%，老龄化程度列全国第5位。其中农村老年人340万，占全市老年人总数的63%。如何解决空巢化问题呢？《重庆市人民政府公报》2012年第2期称：经市政府同意，市政府办公厅印发了《重庆市关爱空巢老人行动实施方案》，明确规定，在"十二五"期间，全市将从8个方面着手，给予"空巢老人"关爱。

《城市晚报》2012年报道：同年5月24日，长春市人民政府长府发〔2012〕6号《长春市人民政府关于加快推进全市老龄事业发展的实施意见》，《意见》明确指出：通过政府购买公益性岗位的方式，按省三年推进计划要求的"每个城市社区至少配备3到5名养老服务员，每个村配备1至2名养老服务员"的要求，在2013年前，逐步配齐城区和农村养老服务员（老龄工作专干）。与此同时，推广"电子保姆""呼叫平台"等为老服务新举措。结合农村养老服务中心的建设，积极探讨"没有围墙的养老院"的建设，探索包括养老大院等居家养老服务新模式的建设。目前，长春市绿园区、朝阳区正在开展"呼叫平台"的举措。对此，长春市老龄工作委员会办公室（老龄委）宣传处的吴景喜处长在思虑良久后说："不管政府出台什么政策，亲情对老人还是最重要的。子女对老人的关怀，有的时候都在细小之处，可能陪着父母看看电视、吃顿饭就带给老人最大的关爱。儿女应该更多关爱空巢老人，别让《常回家看看》只是一首歌。"

在应对老龄化社会的到来上，济南走在了全国的前列。2014年，济南新建社区老年人日间照料中心208处、农村幸福院242处，新增养老床位6079处；对90岁以上的老年人给予了高龄补贴，对孤寡老人、失能和半失能贫困老人、80岁以上的"空巢老人"实行政府购买养老服务，并免费安装"贴心一键通"……

社区与公益组织的"并肩作战"，是解决"空巢老人"养老的办法之一。上海"伙伴聚家"公益组织的负责人杨磊介绍，越来越多的专业民间公益组织正在被激活、融入社区。伙伴聚家目前承接了浦东新区某社区每天200余份的送餐服务，尤其寒冬酷暑时，该组织会"走进一步"，要求送餐员跨进老人家门、将饭菜送到房间并多问一句，确认老人身体和情绪是否有异常。这种专业性、个性化的服务，对于巩固社工"人防"战术也是一种助益。浏览上海市区公益招投标网站会发现，政府通过购买服务的方式，让公益性组织承接社区助老项目的比例，已经从几年前的10%左右上升到了30%～40%。"社区不需要再如此孤独地扛着压力，给我们公益组织一个成长的舞台，也是给养老问题一个有解的未来。"杨磊坦言。

第二节　苦难里放飞的"孝心鸟"

孝文化是实践性很强的一种文化。孔子说"能近取譬，可谓仁之方也已"，意思是说为仁要从最切近的地方做起，要能体察与自己最切近的东西。现实生活中，孝文化的价值离每个人并不遥远，解码我们身边孝文化传承主体的鲜活人生，那镌刻着弘扬孝文化的长久信念，会让人们在实践中感知它、领悟它。

2011年10月14日起，中央宣传部、中央文明办、教育部、共青团中央在首都10所重点高校举办"全国道德模范首都高校巡讲"活动。第四场巡讲于19日14:30在北京师范大学举行。全国道德模范李素芝、孔祥瑞、孟佩杰与师生分享他们践行道德规范的心得体会，畅聊他们的人生故事。山西师范大学临汾学院刚满20岁的学生孟佩杰以《用孝心撑起一个家》为题，回顾了自己一路走来的艰辛：

五岁那年，父亲去世，母亲迫于生活压力，不得不把我送给养母刘芳英。可是很不幸，八岁时，养母下半身瘫痪，生活不能自理，养父不堪重负离家出走。更不幸的是，我的亲生妈妈也因病离开了人世。从此，年幼的我就学会与不幸拼争，和养母相依相伴，至今已度过了12个春秋。

我觉得，家是一份责任，生活中的磨难也许是最好的老师，教我们不断锤炼担当的臂膀。至今，我还朦朦胧胧记得，当这个家只剩下我和瘫在床上的妈妈时，我成了唯一的劳动力。我在妈妈指导下做了第一顿饭：土豆丝切得比指头还粗，吃起来像咸菜，还半生不熟。但是从那时起我就要学会做家务，照顾妈妈饮食起居。

每天早上，我要早早起来，给妈妈洗脸梳头、换尿布、擦身子、涂抹褥疮膏。冬天家里靠生火炉子取暖。起初我不懂封火的窍门，炉子经常半夜熄灭，冻醒后不管几点都得赶紧再生着，不然妈妈会冻坏。中午放学回家先买菜，每次就挑最便宜的买，时间长了，人们都知道了我们家的情况，对我都很照顾，卖给我的都是最低价。到家后赶紧做饭，个子小够不着灶台，就站在小凳子上，上上下下摔伤、烧伤记不清有多少次。晚饭后要给妈妈洗尿布，每天都要清洗一大堆，不然就接不上茬。冬天晾晒衣服时，手总是冻得又红又肿。

在照顾妈妈的同时，我从不耽误学习，每天都要比同年龄的小孩早起。许多时候，做完家务，上学时间到了，我顾不上洗脸，顾不上吃饭，抓起书包就跑。我们老家有个说法，除夕和初一，小孩子干了活长大后要受苦。所以，妈妈瘫痪后的第一个除夕，专门请了个阿姨给我们包饺子。但那天晚上，我还是给妈妈换了6次尿布，整个除夕就在换尿布、洗尿布中度过。电视里春晚现场传来阵阵笑声，妈妈却几度哽咽。幼年的我用稚嫩的肩膀挑起照顾我们母女俩生活的重担，撑起这个特殊的家。虽然我比同龄人缺少了很多撒娇受宠的经历，但我却较早地明白了责任的内涵。

我觉得，家是一生关爱，用无尽的情滋润温暖亲人的心，让生活永远充满希望。妈妈没有想到的是自己会瘫了、丈夫会走了、家里会穷了。刚开始的那两、三年，妈妈几乎要崩溃，经常莫名其妙、声嘶力竭地大哭或大笑。年幼的我非常害怕，蜷缩在一边。后来见得多了，妈妈大笑时，我就默默地走过去，轻轻地搂着她；妈妈大哭时，我就一边给妈妈擦着眼泪，一边重复着"妈妈，别哭了；妈妈，别哭了"。我知道妈妈哭也好、笑也好，都是因为心情不好。所以，我绝不能惹妈妈生气，还要尽量让她高兴。平日里功课再多再累，我都要留出时间陪妈妈聊聊天，说说有趣的事，后来认识的字多了，也给妈妈读书，想方设法逗她开心，帮她解闷，给她增添欢乐。

有一天，妈妈和一位串门的邻居聊天，聊着聊着就泣不成声地说："我孩子命苦啊，五岁时跟了我，我只照顾了她三年，她却要照顾我一辈子，对孩子太不公平呀！"不久，妈妈让我把夫妻两人都是教师的邻居请来，她说："你看我这个样子，如果哪天不在了，求你们收养我可怜的佩杰吧！"夫妻俩以为妈妈开玩笑，就说："这么好的闺女，我们巴不得你现在就给我们呢！"妈妈又说："以后万一孩子做错了事，骂两句就可以了，你们要善待她，要好好培养她。我和她亲爸亲妈在九泉之下也会感激你们！"两位老师见妈妈一脸认真，赶紧握住她的手说："你只管好好养病，千万别胡思乱想。我们也会把佩杰当自己的亲闺女！"

我当时还懵懵懂懂，不大明白，后来才搞清楚，妈妈不忍心再拖累我，要安排她的身后事。妈妈做了安排，还让人帮她买了44片去痛片。还好，有一天我收拾床铺时，意外在妈妈枕头下发现了这些药。当时虽然年纪小，但我也听说过吃去痛片自杀的事。家里一下子冒出这么多去痛片，我害怕极了。在我一再追问下，妈妈终于说出了真相。刹那间，我如五雷轰顶、失声痛哭。我央求说："妈妈，您就是我的天啊！您要是不在了，谁来疼我、爱我呀！平时，我少吃一口饭，您还唠叨半天呢；您要是不在了，我就是一年不吃一口饭也没人知道呀！有妈就有家，没有了您，我就没有了家呀！妈妈、妈妈，我不怕苦也不怕累，您千万别丢下我呀！"从那以后，家里的刀子、剪子、锥子……凡是我觉得能寻死的东西都放得远远的，吃药的时候我就守着妈妈吃，一粒也不多给。在我的精心照顾开导下，生命的阳光终于冲破了妈妈痛苦的阴霾。

我觉得，家是一个港湾，孝心孝行就是不嫌弃、不抛弃、不放弃，用坚守酿造幸福。日复一日，年复一年，我长大了。2009年，我要离开家乡，到临汾学院上大学。可是，妈妈怎么办呢？经过反复考虑，我决定带着妈妈一起去！为了方便照顾妈妈，我在学校附近租了间小屋，申请了走读。小屋不足十平方米，靠墙的是一张单人床，床边加了块木板，妈妈睡床我睡木板；一张小课桌放电视，一个灶台同时又是餐桌和书桌。虽然简陋，但每天能和妈妈在一起，也其乐融融。

到临汾学院就读后，为了补贴家用，我找人介绍打零工，每天能挣二、三十块钱，虽然不多，但也够我们娘俩买菜用了。妈妈爱吃肉，可是平时家里哪舍得买肉？现在我开始挣钱了，就想着一定要让妈妈美美地吃上一顿肉。有一次，妈妈看到电视里播放的红烧肉片断，无意间说了句"电视上的红烧肉肯定可好吃了"，我就记在了心上。那年暑假，我几乎每天都冒着38、39度的高温，在外边奔波了近2个月，挣了1320块钱，第一次挣这么多钱，我办的第一件事就是花28块钱买了份红烧肉回家，妈妈看着冒着热气的红烧肉泪流满面，久久舍不得动筷子。有一次，一位记者姐姐给我买了一份肯德基，我听同学说肯德基挺好吃，但想到妈妈肯定也没吃过这东西，我就推说我不愿意在外边吃东西，把肯德基带回了家，而且骗妈妈说我已吃过了。看着妈妈一口香过一口地把肯德基吃完，我虽然自己没吃，心里觉得很香很甜。

这两年，星期天和节假日安顿好妈妈后，我都会出去打工，算下来也挣了好几千块钱，但除必要的学习用品外，我几乎没给自己买过什么。因为我少买一件衣服、少吃一顿好饭，就能给妈妈多买一点药品，就能让妈妈少遭点罪。

自从妈妈病后，为省事我就习惯留着男孩头，好心人给件什么衣服我都穿，不管是男孩的还是女孩的。有一次我穿了件男孩衣服去厕所时，几个不认识我的女同学吓得飞跑出去。这事我倒觉得没啥，但告诉妈妈后，妈妈先是被逗得笑了，可笑着笑着又哭成了个泪人。如今，我仍然最喜欢梳简单的学生头。

我还要告诉大家的是，从妈妈生病那天起，许多好心人无私地帮助我们，要不我和妈妈怎么能走到今天。去年11月，临汾市第三人民医院把妈妈接到医院免费治疗。为配合治疗，现在我每天要帮妈妈做200个仰卧起坐、拉腿240次、捏腿30分钟。虽然辛苦，但我觉得日子真的好多了，我感到很满足。

最近，妈妈的身体好了许多，听医院的叔叔讲，将来甚至还有可能重新站起来，如果真是那样，她该有多高兴啊！如今，我已长大成人，我要做妈妈的好女儿、学校的好学生、社会的好公民，在社会发展中，发出应有的光和热！

孝道就是感恩。感恩是一种力量，感恩是一种责任，感恩更是一种义务！有人说，没有阳光，就没有温暖；没有水源，就没有生命；没有父母，就没有我们自己；没有亲情友情，世界就会是一片孤独和黑暗。这是每个人都能深刻领悟的道理，但在现实生活中，我们在理所应当地享受着这一温馨的时候，却常常少了一颗感恩的心，其咎源于人们不会、也不愿感恩。中国古孝文化让我们很难从口中说出"妈妈我爱你，爸爸我爱你"。然而，这不应该是借口。不懂感恩，就失去了爱的感情基础。要学会感恩，感谢父母的养育之恩、感谢老师的教诲之恩、感激朋友的帮助之恩，感恩一切善待帮助自己的人甚至感恩给我们所经历的坎坷。所以，我们要常怀感恩之心，上报父母养育之艰辛。感恩包含着对长者的谦卑，对老者唠叨的宽容、生活习惯的兼容和偶有不足之处的包容。

父母给予我们的爱，常常是细小琐碎却无微不至的，不仅常常被我们觉得就应该是这样，而且还觉得他们人老话多，嫌烦。其实我们应当发自内心地感恩，俗话说"滴水之恩，当涌泉相报"，更何况父母为我们付出的不仅仅是"一滴水"，而是一片汪洋大海。可以说：父母是上苍赐予我们的不需要任何修饰的心灵的寄托。当我们遇到困难，能倾注所有一切来帮助我们的人是父母；当我们受到委屈，能耐心听我们哭诉的人是父母；当我们犯错误时，能毫不犹豫地原谅我们的人是父母；当我们取得成功，会衷心为我们庆祝、与我们分享喜悦是父母；当我们出门远行，依然牵挂着我们的，还是父母。所以，我们感恩父母的最佳方式就是敬孝！敬孝，一直是社会与家庭义不容辞的责任和义务；敬孝，也是人类与生俱来的自然情感。

感恩不仅仅是一句口号，感恩应该发自内心，发自内心对敬孝的新诠释，来自内心对生活的无限热爱。感恩是一种生存智慧，是做人的道德底线，感受和感激他人恩惠的能力，是一个人维护自己的内心安宁感和提高幸福充裕感必不可少的心理能力。感恩，不仅是一种情感，更是一种行为表现，是以"寸草心"报"三春晖"的赤子之举。

再推介一个感天动地的孝行故事：

"我要做公公的腿脚、婆婆的肩膀、丈夫的眼睛、孩子的摇篮，终身不变。"2013年9月26日，第四届全国道德模范评选结果正式公布，孝老爱亲、血脉情深的西安市雁塔区红专南路社区居民丁水彬，用至美真情感动了全社会、温暖了全中国。

从小父母就双亡的丁水彬，由姨妈抚养长大，卖过蔬菜、豆腐脑，学过裁缝，摆过地摊，苦难的生活培养了她善良诚实的品德。1999年，已经成人的她与王健宏相识相恋。据媒体介绍：当时，王健宏年近七旬的父亲高位截瘫卧床已36年，生活完全不能自理；婆婆多年照顾丈夫积劳成疾，也动过两次大手术。周围好多人劝她要慎重考虑。"这些事我不是没想过，但人人都要老，有病谁都难免，自己年轻出点力又算得了什么。"不久，丁水彬与王健宏举行了简朴的婚礼。婚后，丁水彬从婆婆手里接过了护理公公的重担——擦洗身体、理疗、换药。2002年，不幸再次降临到这个多灾多难的家庭。年仅33岁的丈夫王健宏，因一次药物过敏导致双目失明。为了给丈夫治病，她跑遍西安所有医院，后来又带着丈夫到北京各大医院看医生。在治愈无望后，她决心用爱心呵护好丈夫的后半生，当好丈夫的眼睛。面对家里两个重残、一个重病的亲人，她开始用自己单薄的脊梁，为这个不幸的家庭撑起一片天。

平心而论，在家庭关系上，历来最难摆布、处理的当属媳妇与婆婆的关系。本来，一个没有任何血缘关系，又在年龄、生活方式甚至生活习性上与婆婆迥然不同的独立个体，如果不是因为一个男人，她不可能来到一个陌生的家庭，对陌生而很难伺候的婆婆低眉顺眼。所以，媳妇与婆婆这对"天敌"的关系必然具有一定的特殊性，维持"一团和气"已属不易，能像丁水彬那样对公爹、婆婆和丈夫关怀备至更显难能可贵。但也有不少家庭媳妇与婆婆不睦，主要原因是婆婆从来没有视媳妇为"自己人"，所以有人列举了10种最可怕的中国式婆婆：有的婆婆本身也并不是优秀的人，自己"人丑、心丑、行为丑"，还总把张家媳妇、李家媳妇挂在嘴上，当面是人，背后做鬼，在人前装出一副善良、温柔、宽容的样子，而背后却尖刻地给媳妇脸色、难看、小鞋，鸡蛋里挑骨头，百般刁难；有的婆婆贪婪无度，老盯着媳妇的钱袋子，还非得当家做主控制媳妇；有的婆婆不知出于什么目的和心理，总见不得儿子和媳妇好，想方设法挑唆儿子与媳妇的关系……有了上述这些婆婆，再优秀的媳妇一辈子也难以抬头，即使处处忍气吞声，自己也得如同被扒层皮一样难熬；在上述婆婆面前，如果媳妇偶尔坚持"真理"，丈夫又有"恋母情结"、不分是非，夫妻情感破裂、婚床坍塌甚至各奔东西的结果将成必然。

中国人历来都重视家庭，而代际关系正是家庭关系的核心。武汉大学教师李永萍通过建构交换型代际关系这一分析框架，在于2015年11月9日在新华网上发表的文章中指出：在现代化的背景下，当前中国社会正经历着前所未有的巨变，其中家庭内部代际关系的变迁正是这一巨变的重要方面。

从内容上看，代际关系主要包括父子关系和婆媳关系这两个维度。在现实中，考虑到婆婆和媳妇作为女性所固有的外来人身份，他们对于家庭内部的权力与利益的感知最为敏锐。因此，代际关系变迁的剧烈性和典型性尤其表现在婆媳关系这一层面，媳妇在家庭中地位的提升更是交换型代际关系产生的最大推动力。婆媳关系既是代际关系的核心，也是代际关系的焦点。对这种观点，笔者持赞同态度，因为践行孝行是双向的。《礼记·礼运》中说："何谓人义？父慈，子孝，兄良，弟悌，夫义，妇听，长惠，幼顺，君仁，臣忠。"换句话说，"父慈子孝"，是一种"因果报应"，而一个"父慈子孝"的家庭必定是一个和谐、美好、文明、幸福的家庭。

大孝无疆。一缕春风可以带来春天，一个榜样能感染社会。丁水彬多年伺候公爹、婆婆和丈夫而不嫌脏、不怕累，尽心竭力、无微不至，既深深地感动了三亲六戚，也感动了周边邻里。据悉，全社区都把她当做榜样，谁家年轻人和老人吵架、闹别扭，只要一提丁水彬，大家都服气而不再吵闹。有户人家的儿媳妇和公婆关系不好，经常吵架，彼此不愿来往。媳妇到丁水彬家"学习"后心里非常惭愧，主动向公婆认错，关系得到缓和。

心灵的花朵需要爱心浇灌，和谐的社会需要真情装点。丁水彬虽然是一名普通媳妇，但她的孝心孝行，对于弘扬家庭美德，倡导时代新风，营造良好的家风、民风、社会风气，具有标杆意义。也就是说，一个家庭、一个村庄、一个社区，只要有了丁水彬这样的大孝榜样，人人都来见贤思齐，那么，这些地区作为社会"细胞"的家庭就会焕发出和谐的新风貌。

第三节　大孝至爱在民间

如果说传统孝道是"小孝"的话，那么，现代孝道应由爱父辈、祖辈等血缘亲属扩大至爱他人、爱人民、爱全人类，"小孝事亲，大孝事国"的深层内涵就在于此。在"孝行社会"良好风气盛行的当今，自然会涌现出一大批中华孝文化的笃信者、传承者、躬行者。

"谁言寸草心，报得三春晖？"这是一个被追问了上千年的话题。近几年来，各大媒体纷纷推介全国"道德模范"或"感动中国"人物的大孝行为，以此追问我们今天如何践行当代孝文化。如《光明日报》记者崔志坚、刘先琴于2007年2月11日推出长篇通讯《大孝至爱谢延信》，深度报道了谢延信这位普通的煤矿工人。他33年如一日，用自己的孝心、爱心、责任心，在漫长的岁月里履行着对亡妻的承诺：照顾多病、没有劳动能力的岳母，呆傻的内弟和瘫痪的岳父。?2015年6月13日，《农民日报》记者杨志华在《大孝至爱孙洪香》一文中介绍了孙洪香：丈夫常年在外工作，结婚25年来她不仅担起全部家庭重担，还默默照顾瘫痪的公公和三位智障的叔公，哥嫂离世后又抚养两个侄子长大成人。"两个家庭，五个病人。你毅然扛起重担的柔弱双肩让我们眼中有泪。大孝至深，大爱无言，你将挚爱亲情进行到底的孝善质朴让我们心中有潮。春夏秋冬，馨香四季，你用坚韧为家人营造了避风遮雨的温暖港湾；人生如梦，岁月如歌，你用坚强为社会唱出了中国女人的最美音符！"这是2016年2月5日《郑州日报》记者史治国摘录的"感动2015"荥阳市全民行动楷模颁奖晚会上，组委会给荥阳一普通女子崔俊叶的颁奖词……

诸如此类的孝行故事，多发生在与"亲情"有关的人物身上，而笔者特别敬重那些生发在民间而无亲无故的大孝至爱，他们的孝行是无价的！

人民网记者张梦琪于2014年5月21日报道：河北承德县郝季沟村远近闻名的千万富翁丁玉龙，于2010年9月回到老家投资560万元，在两个自然村中间的一片荒山坡上建起了面积1970平方米、内设74张床位和卫生所、娱乐室、接待室、会议室、文化广场等配套设施一应俱全，每个房间配备了液晶电视，有独立卫生间，还可24小时提供热水，基本实现了公寓化的"玉龙山庄幸福家园"，义务赡养50多位"空巢老人"。文章刊发后，在社会上掀起了不小的波澜。

千万富翁丁玉龙的这一善举，源于一次陪老父亲"衣锦还乡"阔别40多年的郝季沟村。那几天，随父亲逐个拜望的老哥们，很难找到40年前的音容笑貌，"许多七、八十岁的老人，还得自己烧火煮饭，蹒跚的步伐，孤独的身影，无助的眼神……我内心深处挤满了酸酸的感觉。"

回到黑龙江七台河市的家，当天晚上父亲说："郝季沟村的那些老人生活得很不容易，小时候赶上战乱，整天东躲西藏，在山上几天不敢回家。中年时挨饿受累，眼看都老了，却还得整天操劳，我真想帮帮他们，也愿意和他们在一起说说话、唠唠嗑。"丁玉龙也想：给每位老人几万元生活费，他们会不会拿去为孩子买车啥的？给几十万元呢？老人们肯定会在城里买间楼房送孩子，他们还得照旧过着孤独的生活，养老问题根本无法得到根本解决。究竟如何办？苦思冥想、夜不能寐，他最终决心用这笔钱，直接在村里建所养老院，"把这些老人全部赡养起来，这样更放心、更实在、更长远。"

郝季沟村地处承德县中东部的偏远大山区，西北距承德市50多公里。该村由4个自然村组成，全村135户510人，只有800亩薄田，村民的主要生活来源全靠年轻人外出打工挣钱，为省级贫困村。在丁玉龙的记忆里，这是个充满苦难的家乡：人人都饿得前胸贴后背，大人娃儿都只能吃野菜、啃树皮，浑身发肿……

终日与饥饿为伍、日子实在无法过下去的1963年，刚刚7岁的丁玉龙随父亲踏上了"闯关东"的路，一家子最终在黑龙江省七台河市落脚。17岁那年，为了减轻父母的生活压力，初中毕业的他就弃学到井下挖煤。

改革开放之初，他借岳父卖房子的钱买了台冰激凌机起步，随后又开起了食杂店、承包煤矿。开始那几年，他白天上班，晚上卖货，每天只能睡上三到四小时安稳觉。经过十几年打拼，他艰辛地挣下了3000多万元。

富裕起来的他，始终没有忘记生他养他的郝季沟村。2008年春，他资助10万元为郝季沟村修路。也正是这次机会，丁玉龙陪父亲回了趟久别的家乡。

"村里的这些老人受了一辈子苦，不能让他们在孤独和寂寞中度过，建这个养老院，可以把老人们聚到一起，每天开开心心地生活，安度晚年。"谈及自己的举动，丁玉龙说他只不过是干了一件让自己"心安理得"的事儿。据悉，养老院一年需要50万元左右的运行费。他说自己并不像别人想像的那么有钱，"当时就赚了3000万元，建养老院花去500多万元，家里用了一些，现在剩下的2000多万元，是自己的全部积蓄，已经存在了银行。他告诉两个孩子，谁也不能动这笔钱，他要用银行的利息，把养老院长久办下去，即便他不在了，也要使村里的老人们有这么一个家。"

丁玉龙的义举被人广为称赞，他先后被评为"最美承德人""感动承德十大新闻人物""河北省道德模范"等，老人们也有各种各样的不同评价——袁弘芝老人说："这里啥都有，和老姐们、老哥们在一起很开心。这都得感谢玉龙，花钱建养老院、供我们吃喝，还像亲生儿子一样照顾我们，真是个大好人啊！"另一位老人说："他自己平时生活都很节省，却花500多万给我们建养老院，每年自掏腰包养活我们这些外来老人，还不求回报，你说他傻不傻？"村支部书记原洪军却如此评价："丁玉龙的举动，起到了积极的模范带动作用，不仅在村里形成了和谐文明的民风乡情，他的一些思路还对我们发展经济起到更大的帮助。"丁玉龙自己则表示："多给老人们一些幸福，这是我一生最大的愿望；多给老人们一份快乐，这是我一生应尽的义务；多给老人们一份温暖，这是我义不容辞的责任！"

靠孝文化凝聚员工的精、气、神，靠孝文化赢得消费者的信赖和支持，靠孝文化感动广大客商，以孝立企的衡水润露公司董事长张秀忠认为："孝"是中华民族最古老的传统美德、最基本的做人准则、最朴素的价值观念、最直观的"民族风"、最浓厚的"中国味"、最珍贵的"传家宝"，乃人伦之始、众德之本。"孝"，不仅是一个人对父母、对祖先、对社会的一种道德责任和道德义务，更是一种对自我道德的完善，以及自我人生价值的实现，它的实质是要求一个人终生修养道德、报效社会、报效国家。丁玉龙之举，凸显了当代大孝的丰富内涵。

《人民日报》记者刘洪超于2016年3月29日以《沈阳三代人二十九载接力，赡养保姆至一百零八岁》为题，深度报道了发生在沈阳皇姑区一段三代人29载接力照顾百岁保姆的感人故事。

文章开篇用高度浓缩的语言介绍了安徽农村妇女赵湘南："她一生未嫁，却不缺少家的温暖；她无儿无女，但老病床前从未少过照料""60年前，49岁的赵湘南作为保姆带大了万家5个儿女；30年前，79岁的她孤苦无依，万家人又把她接回家悉心照顾；108岁的她病卧在床，万家老夫妻虽相继过世，但他们的孩子仍对老人倍加呵护、不离不弃，直至老人离世。"

1956年，空军军官万基和妻子冯若夫经朋友介绍，聘请从安徽农村出来的赵湘南当保姆。赵湘南比冯若夫大18岁，两人以姐妹相称，孩子们叫她"姨娘"。1961年，赵湘南的风湿性心脏病犯了，万基和妻子冯若夫商量后，另雇了一位保姆专门照顾赵湘南，直到她痊愈。

因时代的特殊性，赵湘南于1966年不得不离开万家，1986年，79岁高龄的赵湘南被万家请了回去。万基女儿万春春回忆："三位老人在一起，从没有过红脸的时候。通常，每天晚饭后，父母和姨娘一起坐在客厅的沙发上看电视。由于姨娘没读过书，对一些国内外的事弄不太明白，父亲就一边看，一边耐心地给她讲解。" 2001年，万基临终前特意嘱咐妻子冯若夫："老冯，你一定要把赵湘南的事办好，要给人家养老，不能让人笑话我们没良心。"冯若夫说："你放心，我一定办好。我还要教育孩子，好好照顾她。"2007年年底，冯若夫也因病卧床不起。住院期间，百岁老人执意要去看"妹妹"，孩子们没办法只好推着轮椅送她到医院。在病房里，冯若夫拉着她的手说："老姐姐，你放心！我要是走了，孩子们会像我那样照顾你；你不要多想，你不能离开我的家！"2009年2月18日，冯若夫因病去世。

刚刚给母亲办完丧事，长子万百鸣就主持召开了家庭会议："照顾好姨娘，是父母生前的愿望，也是我们的责任。我们一定要给老人家养老送终。"2009年夏天，赵湘南得了带状疱疹。万百鸣听说后，从北京赶回来，亲自开车送姨娘上医院，到了门口，抱起老人就往楼上走。赵湘南说："我能走，让我下来自己走，让人看了笑话。"万百鸣却说："我孝敬您不会有人笑话的。我1岁的时候您就抱我，现在该我抱您了……"

万家兄弟姐妹不但自己身体力行为老保姆尽孝，还言传身教告诉5个孩子，要好好待老奶奶。每到逢年过节，孩子们都要给老奶奶送来礼物。老人听力不好，远在澳大利亚的"外孙女"杜琳琳给她买来助听器；老人爱吃点心萨琪玛，万春春的女儿乔思思就想方设法给她买，各种品牌的萨琪玛摆满老人房间……2015年年初，赵湘南老人幸福而平静地离开了人世。

第四节　因为孝不能迟到

孝敬老人是中华民族的传统美德，也是做人的道德底线。《韩诗外传·卷九》中的"树欲静而风不止，子欲养而亲不待"，亦能警醒当代年轻人：随着年龄的增大和身体机能的衰退，老年人最渴望的不是物质生活的丰富，而是来自儿女的亲情爱护。医疗技术的进步可以治愈老年人身体上的病痛，但无法抚平他们心灵上的空虚。即使医院有高水平的心理医生，也难以排解老人精神上的空虚和寂寞。尽孝应趁早。世界上最痛苦的事，莫过于"子欲养而亲不待"。

现实生活，无奇不有。据多家媒体曝光，不少地方特别是农村，一些子女对老人不闻不问，有病不给看，宁愿老人饿死、冻死；老人死后则大讲排场，唱歌跳舞、声乐助兴，比过年还热闹，甚至有人在丧礼现场演唱《今天是个好日子》，这类"活着不孝，死了乱叫"的行为，实在是令人难解。其实，人都有年老的那一天，老人在世时不孝顺，对老人的生活不关心，又如何能够保证自己年老的时候，子女能够善待自己呢？让老人享受"哀荣"，还不如孝在平时，妥善安排好老人晚年的生活，让他们老有所养、老有所乐，颐养天年。

笔者拟引用社会传媒推介的典型事例证明：尽孝应趁早，因为孝不能迟到！

截至2014年，头发已经花白的成都市双流县人陈录雪，用整整8年时间，搀扶着103岁的老母亲余中秀游遍了中国，就在2014年6月13日，他带着母亲、妻子到朝鲜一日游，由此创下从丹东口岸出国旅游年龄最大的纪录，其孝心之旅被多家媒体披露后，在全社会引起了强烈反响和广泛关注：

2006年年底，他花3万元买了一台二手标致505轿车，亲手改造成可供4个成年人躺睡，还能做饭、洗澡、如厕的"房车"。几年后，那台"房车"报废了，他又花9800元买了一台高车龄的二手长城汽车。高龄车能上路吗？他的孝德行为感动了福建泉州"爱心妈妈"协会和一位不愿透露姓名的老板，在他们的帮助下，他自己又挤出5000元，将之改成了如今的三层"房车"："母亲睡车内，顶上的帐篷是我和老婆住的'三楼'。"陈录雪介绍，开车时，他就将车顶的帐篷收在车顶的行李架上；需要休息时就把帐篷展开，再用一块木板托着帐篷底部，展开后还有一把梯子支撑帐篷重量和供人上下。

2011年，陈录雪陪母亲去西岭雪山。一家子正在公路上慢悠悠地行驶着，万万没有想到，一辆奥迪车突然"疯狂"地超了过去并横在他们的车前面。原来，车主史先生从报纸上了解到他的事迹后，一直想见见这位孝子的真面目。这次偶然看到他的"房车"，便"莽撞"而迫不及待地逼停了陈录雪。晚上，史先生热情地请他们一家子吃"过于豪华"的晚餐。"陈哥，真钦佩您的孝行。我这一生最大的憾事，就是没有及时孝敬我的母亲。如果可以，我愿用一生所赚的财富换取与母亲见一面的机会，哪怕就一面。"史先生在餐桌上追悔莫及，那是一种良知的觉醒、孝心的回归。

2012年10月10日，网友"冬天也温暖"在大渝网论坛上发布了一段近10分钟的视频。视频记录了陈录雪一家于国庆期间在重庆朝天门码头看江赏水的全过程。视频显示：陈录雪身体单薄的老母亲有些佝偻，右手还挂着拐杖。陈录雪一直弓着身，将脸尽量贴近母亲耳朵，为其讲解："妈妈，快看那边的山，半边山；还有大船，就是你说的、像皇宫一样的船哦。"视频拍摄者周健强回忆，由于老人家耳朵有些背，陈录雪大声讲解的声音，吸引了不少游客的眼球。

同年，东阿阿胶公司被陈录雪的孝敬事迹深深触动，特为其拍摄了一部题为《六旬孝子自制房车陪百岁母亲游全国》的纪实性微电影，该视频在优酷网上的点击量超过了千万。同时，公司上下员工自发地共捐赠了5万元人民币，缓解了陈录雪一家第二年的旅途困窘。"您做到了我们想做而没有做到、却有可能因此遗憾终生的事，我十分钦佩和敬重您对母亲的孝敬。您的母亲，也是所有天下孝心儿女的母亲。东阿阿胶愿为您和老人尽绵薄之力。祝老人健康长寿！"秦玉峰总裁给陈录雪发来了这条充满感慨的短信。

微博网友"郭细全"说："此举值得敬佩，尽孝要早，不要让我们的父母吃不下、走不动了才想尽孝，不要让自己和他们留下遗憾。"网友"迟恩陈"说："越长大越发现相比父母的付出，我们能为父母做的真少，如果不是肯用心，就很难为他们做些什么。"

2014年6月，在丹东桃花岛，陈录雪一家的行踪被一位骑电动车的杨姓村民看到。杨姓村民一路追上他们，热情地请他们品尝当地的美食。同月17日，他们一家子要去沈阳，车在一个高速路服务区发生了故障。路过鞍山的一位车主看到后，主动上前帮忙联系了一家4S店义务修车，还为他们预定了在沈阳居住的饭店。"他没告诉我姓名，只说了网名叫'二民'。"陈录雪事后回忆。

据悉，陈录雪在家中4个子女中排行老么，因为父亲过世较早，母亲为了孩子们"不吃亏"坚持独自一人撑起这个家。"我年轻时在西藏当过兵，转业后留在西藏公安系统，没好好陪过妈妈，后来又调回四川一个法院工作。"陈录雪说，"妈妈辛苦了一辈子，我想多陪陪她，于是申请提前退休。那时我已是处级干部，很多同事认为我'脑子进水了'。但我打定了主意，最后单位批准了，那年我40岁。"

陈录雪的孝心之旅源于2006年的一天：当他带着母亲到青城山耍时，"一进入景区妈妈就特别开心，说要是今后可以看遍祖国的山山水水那该有多好。"说者无心，听者有意。从青城山之旅那天开始，陈录雪就在心底里暗暗发誓：砸锅卖铁也要带母亲游遍全国，让老人家舒舒服服地看风景！

旅游是很烧钱的娱乐。过早退休的陈录雪，每个月仅有两、三千元退休金，妻子没有正式工作，两个儿子也没有就业，"穷游"的日子并不那么容易。"没钱了，就找个城市停下来，打工赚点钱再走。一路上，我做过保安、停车场管理员，也捡过废纸、塑料瓶子、硬纸壳，一天能卖几十块。妻子做过售货员。"陈录雪对重庆商报和央广记者说，不能因为自己没钱就不尽孝，"如果等到我们变成有钱人再尽孝，可能父母就不在了。"

"妈妈的晚年没有惆怅。""以前妈妈晕车，一坐车就恶心。现在，高速公路也好，乡间小路也好，甚至是山路，她都不怎么晕车了。以前妈妈几乎每个星期都有一次打针输液，而现在，车里备了药箱，她却很少吃药。最近到医院体检，她身体的各项指标都正常。"陈录雪说，"最令我惊讶的是，妈妈以前一头白发像个头套，现在慢慢地竟有了几丝黑发。"当听到妈妈说"我满足了，全国都走遍了，我比别的母亲都享福啊"时，陈录雪憨厚地笑了。

整理媒体文章到此，我们想到：山水相伴，写意人生。我们时常发现，不老的是青山，不老的是秀水；千年万载，生生不息。每当我们置身事外仰望那青山、俯视这绿水，是否产生过人生易老、青春易逝的惆怅？是否联想到我们心中珍藏的"父爱如山，母爱似海"的崇高形象，他们也会有生命易老的惆怅？好山好水，山高水长。陈录雪说"母爱深似海"，我们在感慨人生流转如白驹过隙时，应该用实际行动回报老人家的养育之恩。

陈录雪自驾车陪母亲旅游的感人故事并非个例，《燕赵晚报》首席记者谢鑫名在2014年12月8日报道：历时3个多月，从石家庄一路向北，天津、辽宁、吉林、黑龙江，最远到了北极村，家住石家庄的独腿小伙邱义松，开车带着母亲走在畅游全国的路上。近日，经过几日的休整，27岁的邱义松和母亲再次踏上了去南方的旅程。央广网记者韦雪于2013年10月18日报道：父亲被确诊罹患肺癌晚期的第三天，为帮八旬老父实现夙愿，28岁的湖北省黄冈女孩胡雪莹辞掉工作，推着轮椅带着父亲来到北京天安门广场晒了太阳、看了故宫，还背着父亲到了只在电视里见过的八达岭长城。

人间至善，莫过于在父母膝前尽孝。无数孝道故事一直在我们身边演绎着。多少好儿女、好儿媳、好女婿，数十年如一日，"事父母能竭其力，"无怨无悔悉心照料卧床的双亲、服侍多病的公婆，用执着和坚韧，用善良和勤劳，用言行和大爱诠释着新时代尊老爱亲的含义，谱写出一曲曲敬老孝亲的美谈。

《光明日报》、新华网和中国青年网等多家媒体曾先后向全社会推出《贤惠媳妇，孝感动天》的长篇通讯，文中主人公是来自重庆市一贫困山村、1970年6月生于万州区太龙镇新立村，现为深圳市展华实验学校职工兼德育辅导员，被全国妇联负责人誉为"全国妇女学习的好榜样"，被市民誉为"当代孝媳"的李传梅。

1992年，家住重庆市万州区太龙镇新立村的李传梅经人介绍认识了邻村的特困农家小伙子向家培，其父亲身患癌症，母亲聋哑瘫痪又双目失明，家里还有一个80岁的奶奶。亲友们不赞同李传梅加入这个多灾多难的家庭，但李传梅还是决定嫁给向家培，共同承担家庭的重负。

?俗话说："久病床前无孝子，贫贱夫妻百事哀。"但这两句话在李传梅身上被彻底地改写了。婚后的日子忙碌而辛苦。李传梅在家境十分困难的情况下，用20年光阴、7000多个日日夜夜，不离不弃、无怨无悔地精心侍奉80多岁的太婆婆、身患癌症的公公和双目失明又聋哑瘫痪的婆婆。她在送别公公和太婆婆后，将女儿留在老家重庆，背着婆婆来深圳打工，一边赚钱供女儿读书，一边精心照料婆婆。20度春秋服侍3位多病的老人，两次背着聋哑瘫痪的婆婆南下深圳。因为有了她，3位老人在几乎绝望的晚年过上了舒心而温馨的日子。这位普通农家女子的孝心和贤举，打动了每一个深圳人的心。

摘录到这里，我们想到了《韩诗外传》里的那句话背后的故事：春秋时孔子偕徒外游，忽闻道旁有哭声，停而趋前询其故，哭者曰："我少时好学，曾游学各国，归时双亲已故。为人子者，昔日应侍奉父母时而我不在，犹如树欲静而风不止；今我欲供养父母而亲不在。逝者已矣，其情难忘，故感悲而哭。"也就是说，树想静静地待一会，可是风却让他不停地摇曳。当你想赡养双亲时，他们已等不及便过世了。由此我们又想到何庆良先生那首《孝心不能等待》的歌，或许它就是对这一故事的图解，歌词如山与海的呼唤：

孝心不能等待，那是儿女心中的情怀。山高挡不住，海阔分不开。天涯海角望故乡，春夏秋冬盼归来。心萦绕，梦徘徊。子欲孝，亲不待。感恩的情怀怎表白？爱无疆。孝无价，孝心不能再等待。孝心不能等待，那是儿女心底的厚爱。天高比不过，地远隔不开。风霜雨雪想家暖，天南地北思母爱，心萦绕，梦徘徊。子欲孝，亲不待，追思的泪水汇成海。爱无疆，孝无价，孝心不能再等待。

是啊，时间如流水，一去不复返。人生也如流水，一去不回头。人在行进途中，也许有太多可望的风景，但等到需要回头时，也许有的风景早已不知何处。人生的许多东西可以错过，但对待父母的感恩与敬孝，万万不能错过。何庆良先生的歌，言词悲切，足以令人慷慨动容，流下千秋之泪，听之触目伤怀、撼人心魄。情郁于中："一切远行者的出发点总是与妈妈告别，而他们的终点则是衰老，一声呼喊道尽了回归也道尽了漂泊。"

《新三字经》里有：能温席，小黄香，爱父母，意深长。其中提到的小黄香是汉代湖北省一位孝敬长辈而名留千古的好儿童。他九岁时，不幸丧母，小小年纪便懂得孝敬父亲。每当夏天炎热时，他就把父亲睡的枕席扇凉，赶走蚊子，放好帐子，让父亲能睡得舒服；在寒冷的冬天，床席冰冷如铁，他就先睡在父亲的床席上，用自己的体温把被子暖热，再请父亲睡到温暖的床上。小黄香不仅以孝心闻名，而且刻苦勤奋，博学多才，当时有天下无双、江夏黄童的赞誉。而今，中华民族到处可见"小黄香"。

2013年4月18日，由中央电视台主办的"寻找最美孝心少年"大型公益活动在北京梅地亚中心正式启动。"寻找最美孝心少年"面向全国18岁以下的青少年，通过寻找、发掘、宣传新时期"孝心少年"的典型代表，展现他们孝敬长辈、自强不息、阳光向上、自立自强的感人事迹和美好情操，在全社会大力弘扬社会主义核心价值观，讴歌具有时代感的中华民族传统家庭伦理道德，积极营造尊老、爱老、敬老的浓厚氛围，引导少年儿童树立正确的道德观和价值观，为我国的未成年人教育事业贡献力量。？

此次活动，通过央视网的宣传平台，面向社会征集事迹线索，鼓励社会各界读者广泛参与。经过推选委员会公示推选候选人员名单，最终确定吴林香、王芹秀、高雨欣、邵帅、龙花、赵文龙、徐誋烨、黄凤、林章羽、何秀巡10位候选人为2013年度中国"最美孝心少年"。继后的2014年度"十佳最美孝心少年"王丹、张俊兄弟、梁蓉、梁维月、许卓婧、钟岳峰、游柘楠、袁德旗、向娜和吴金棋的事迹公开后，更是不知感动了多少人。还有很多小孩一出生就孤苦伶仃地承受着生活的搓揉，但他们都熬着，忍着，用自己的双手为自己努力，同时也为身边的亲人努力。这群少年早就肩负着家的重担，其事迹也非常感人：

据重庆晨报记者杨新宇报道：2015年6月7日下午5点，重庆市梁平县红旗中学高考考点，考完数学的王亮微笑着走出考场，小跑回寝室。寝室里住着她和瘫痪的父亲。她急着赶回来是要帮父亲换尿盆，还要去食堂打两个人的晚饭。

王亮出生于1995年，老家在梁平县碧山镇川主村。在她1岁半时，5岁的哥哥意外溺水身亡，母亲因此精神失常。1999年11月的一天，父亲王任明爬树修枝时摔断颈椎。东拼西凑筹到的1000多元，在医院没几天就花光了，王任明只好回家躺着，胸部以下渐渐失去知觉，手脚也失去了功能。那年，王亮才4岁。

祸不单行。3个月后，不堪重负的母亲再次离家出走，至今渺无音讯。王亮告诉记者，从那时起，她就与70岁的爷爷一起照顾父亲。"当时，我不太懂事,只知道爷爷不停地教我给爸爸换衣服、擦拭身子和接大小便。"王亮后才知道,爷爷的行为是怕自己离开人世后无人教她照顾爸爸。7岁那年,王亮刚上小学,爷爷突患脑出血撒手人寰。她独自承担起照料父亲的担子,在邻居的帮助下,学会了砍柴、挑水、种菜、洗衣服……"那时,我经常一个人躲在角落里嗷嗷大哭,感慨命运的不公,甚至没有了活下去的勇气。"王亮直言不讳地回忆。"今天很残酷,明天更残酷,后天很美好,但是绝大多数人死在明天晚上,只有那些真正的英雄才能看到后天的太阳。"这是王亮上初三时,摘录在日记本扉页上的一段话。

2011年,王亮以627分的高分被梁平红旗中学实验班录取。"到县城读书,要远离家,可是我走了,父亲就没人照顾了。"王亮陷入了"两难"的境地,一筹莫展。

王亮的遭遇引起了社会的关注,县委副巡视员、县关工委常务副主任平华多次来到王亮家中看望慰问,并召集相关部门开专题会研究对她的帮助事宜。"根据王亮家的具体困难,在得到王任明同意的前提下,县里研究决定将他们全家迁到县城居住。"平华说。随后,红旗中学决定免除王亮在校期间的学费、生活费等,并在校内为父女俩安排住所;县民政局为王亮父女俩办理了城市低保和基本医疗保险;县计生协从计生关怀基金中,每年为王亮解决3000元的特困补助;县交巡警大队民警率先来到王亮住处,除给她父亲喂饭、擦洗身子、打扫房间卫生外,还为其添置了冰箱以储存食物,过了专业英语八级的女警察张玉林为王亮补习英语;碧山镇党委、政府以及社会各界纷纷伸出援手……王亮感受到了春天般的温暖。

2011年11月2日上午,第三届重庆市道德模范颁奖暨事迹报告会在市委小礼堂举行,53名道德模范和10名"五心四好"美德少年在会上获得到表彰,王亮系"五心四好"美德少年之一。"是好心的叔叔阿姨让我充满希望,我一定不辜负大家的期待。"王亮说,"现在,我只有爸爸一个亲人,我得陪着他一路走下去,无论去哪里都不会丢下他。"王亮告诉记者,她希望考取重庆一所能带着爸爸去读书的大学,这样可以更好地照顾父亲。她以后"想做一名老师,回报社会"。

当然,我们不能忘记王亮还只是一个正在苦苦求学的孩子,她"想当一名老师，回报社会"的远景规划是否能实现，也许仍是一个未知数。但中华传统文化中的"孝行"，却在这个阳光女孩身上得到了崭新的诠释；她的一颗敬老之心，足以让很多成年人重新审视该如何表达对长辈的关爱！

......

"少年智则国智，少年富则国富，少年强则国强。"习近平总书记曾强调，弘扬践行社会主义核心价值观要从娃娃抓起。青少年是祖国的未来、民族的希望，青少年有什么样的世界观、价值观、人生观，直接决定着未来中国的命运和走向。

天行健，君子以自强不息。我们转录王亮的事迹，敬佩之余，也想象到她未来的道路肯定还很曲折，注定要充满荆棘和挫折。但只要她坚持前行，一定能走得更远。因为，岁月的磨练让她懂得了坚持的力量，坎坷的经历使她铸就了钢铁的意志，因自信而自立，因自尊而自强，用双手拥抱青春，用奋斗谱写属于自己的天空。我们坚信，她以及更多的"最美孝心少年"们永不放弃追逐梦想的信念和脚踏实地、奋斗不息的态度，必将赢取明天的辉煌！

参考文献：

[1]游国恩.中国文学史[M].北京:人民文学出版社.1983.

[2]中华优秀传统文化是我们最深厚的文化软实力.圣才学习网.2013-10-16

[3][4]新华网.2014年04月01日

[5]习近平在中央政治局第十三次集体学习时讲话.2014年2月24日

[6]论孝文化的现代传承.屈晨光.新浪博客.2009年11月8日

[7]四川省中国特色社会主义理论研究中心.赵明仁、肖云.光明日报.2013年12月04日

[8]黄顺祥.民族的隐痛序章.作家出版社.2011年12月版

[9]吴树玲.让"文明祭祀"成为一种习惯.长城网.2014年6月

[10]恩格斯：家庭、私有制和国家的起源

[11]宋兆麟等.中国原始社会史.文物出版社

[12]宋兆麟等.中国原始社会史.文物出版社

[13]陈德述.儒家管理思想论.中国国际广播出版社

[14]吕凤琴.儒家孝观念的原始意义及近代以来的命运.国学频道.2015年1月

[15]顾迁.尚书.中州古籍出版社.2011：22

[16]朱熹著柯誉整理.周易本义.中央编译出版社.2010：72216

[17]论语学而.崇文书局.2007年

[18]李仁君.中华孝文化起源.陕西慈孝网.2010-12-06

[19]戴明暄.论语今读.天马出版有限公司出版.2004年

[20]杨伯峻.孟子注释.中华书局.2010年2月

[21]李宝库.孝道：一颗闪耀人伦之光的璀璨明珠.慈孝网.2010年7月23日

[22]肖波."孝文化源流及今日之使命".2013年12月20日

[23]马艳.中国古代孝文化演进的原因探析.中国校外教育.2008年51期

[24]曹元国.从二十四孝看中国孝文化的特点.价值中国网.2009年1月

[25]曹元国.孝在中国历史上所起的重要作用.湖北老网.2013年12月

[26]朱军.对中国传统文化应有的态度.学习时报.2009年12月

[27]沈碧梅.立身国学教育.2014年11月

[28]吴虞.说孝.载赵清等编.吴虞集.四川人民出版社.1985年版

[29]吴虞.家族制度为专制主义之根据论.载赵清等编.吴虞集.

[30]胡泽勇.中国文明网.2014年5月06日

[31]董轶普李卉.中共宝鸡市委党校网.2011年08月

[32]王尧可."愚忠愚孝"是对中国文化的误解.典籍导读.2014-02-10

[33]毕宝魁.孔子从未教人"愚忠".沈阳日报.2014年02月

[34]王尧可.乐耕书院.典籍导读.2014年02月

[35]毕宝魁.孔子从未教人"愚忠".沈阳日报.2014年02月

[36]张捷.不能用愚孝否定中国传统孝文化.四月网综合评论.2014年12月

[37]刘少东.儒学在日本变异考论.日语学习与研究.2010年第5期

[38]蔡德贵.东方儒学论纲.山东大学学报哲社版.1995年03期

[39]蔡德贵.东方儒学论纲.山东大学学报哲社版.1995年03期

[40]周铁莉.现代交际.2010年第十二期

[41]戴明晅.论语今读.天马出版有限公司出版.2004年

[42]路丙辉.中国传统孝文化在现代家庭道德建设中的价值.安徽师范大学学报(人文社会科学版).2002年1月

[43]李翔海.生生和谐—重读孔子.四川人民出版社.1995年版

[44]樊皓、吴乃基等.科学文化与中国现代化.2010年版

[45]肖群忠.孝与中国文化.人民出版社.2001年版

[46]韦政通.中国文化与现代生活，伦理思想的突破.广西师范大学出版社.2005年版

[47]蒙培元.情感与理性.中国社会科学出版社.2002年版

[48]李泽厚.中国古代思想史论,安徽文艺出版社1994年版,第132页

[49]专家谈孝."邻里中国""行进中的中国"需要孝文化.中国文明网.2014-01-29

[50]余玉花.张秀红.论孝文化的现代价值.伦理学研究.2007年3月第2期

[51]杨伯峻.论语译注[M].中华书局出版社1980年版,第238页

[52]魏英敏.新伦理学教程[M].北京大学出版社2003年12月版,第298页

[53]杨伯峻.荀子译注[M].中华书局出版社1983年版,第134-245页

[54]杨伯峻.孟子译注[M].中华书局出版社1960年版,第126页

[55]魏英敏.新伦理学教程[M].中华书局出版社2003年12月版,第299页

[56]路丙辉.孔子孝义平议.道德与文明.2005年第2期

[57]任继愈.谈谈孝道.人民日报.2007年3月11日

[58]肖群忠.孝与中国文化[M].北京:人民出版社,2001:9.

[59]马克思.1844年经济学哲学手稿[A].马克思恩格斯全集(第42卷)[M].人民出版社,1979:24.

[60]肖波.中国孝文化概论[M].北京:人民出版社,2012:41.

[61]季庆阳.近十年中国大陆孝文化研究综述.社会科学评论.20093期

[62]张云风.漫说中国孝文化[M].成都:四川人民出版社,2012:5.

[63]季庆阳.近十年中国大陆孝文化研究综述.社会科学评论.20093期

[64]季庆阳.近十年中国大陆孝文化研究综述.社会科学评论.20093期

[65]季庆阳.近十年中国大陆孝文化研究综述.社会科学评论.20093期

[66]朱军.对中国传统文化应有的态度.学习时报.2009-12-22

[67]哈战荣.加强孝道教育实现代际和谐.中国教育报.2008年2月18日第6版

[68]向安强李利坚等.以孝文化为背景构建新型农村养老保险制度.安徽农业科学.2010-07

[69]高富灿.中国家长教育孩子方式的十大"硬伤".生命时报.2014-03-01

[70]重智轻德成为家庭教育的普遍趋向.半月谈内部版.2010年第6期

[71]顾明远.人人都需要学习的教育.学光明日报.2015-4-28

[72]武志红.愚孝是怎样炼成的.心理工作者博客2010-07-25 23

[73]周禹希.父母不良行为会影响孩子成长.家庭教育.2014年02月14日

[74]李婷."离不开"又"看不惯"的"隔代抚养".中国女网.2015-05-19

[75]田丽丽.当前农村家庭代际关系的失衡及其重构.农业经济.2013年06期

[76]枫叶.中国传统家庭教育中的消极因素.国度的博客.2011年09月14日

[77]向世陵.从以孝为核心看家庭伦理与社会国家伦理的一体性.现代哲学.2002年第1期

[78]清张履祥.训子语下.杨园先生全集.卷四十八

[79]清王船山.王船山全集·周易内传.卷五

[80]潘旭.仇逸.周润健.王莹.中国式家庭教育之痛,"狼性教育"缺乏爱心.半月谈.2010-06-04

[81]樊爱国.好家风是一种正能量.中国妇女报.2014-02-11

[82]向贤彪.家风建设关乎民族未来.江西日报.2014-02-11

[83]张淼.家庭教育与家庭幸福.中国教育报.2014-02-28

[84][85]于丹.中国传统文化中的家庭教育智慧.中国青年网2011-10-02

[86]王霞侯.怀银.生命教育研究文献综述.教育学世界.2011-05-04   19

[87]燕国材.值得倡导与实践的生命教育再议[J]   中学教育2003年第8期

[88]郑晓江.生命教育演讲录[M]江西人民出版社   2008年12月

[89]张淼.论儒家孝道思想的生命意识[J].学术论坛2006年   02期

[90]王霞侯.怀银.生命教育研究文献综述.教育学世界.2011-05-04

[91]张春香.大学生生命意识培育路径.湖北日报.2010-12-10

[92]刘宽亮.关于孝的人学解读[J].运城学院学报，2005年   01期?

[93]李道友.周水涛.从儒家孝道思想的生命意识解读大学生极端行为.念网.2011年12月23日?

[94]赵晓坤.大学生生命教育缺失的原因及解决对策.山西大同大学学报2012-12-10

[95]岳修峰.当代大学生敬畏生命意识培育.人民论坛   2014年第7期

[96]张春香.大学生生命意识培育路径.湖北日报.2010-12-10

[97]王霞侯.怀银.生命教育研究文献综述.教育学世界.2011-05-04

[98]蒂里希选集[M].上海:上海三联书店，1999:1189.

[99]连淑芳.魏传成.当代大学生生命意识状况调查报告.《新德育.思想理论教育：综合版》2007年第2期

[100]伯纳德·曼德维尔.蜜蜂的寓言[M].北京:中国社会科学出版社,2002: 6

[101]马克思.马克思主义经典著作选读[M].北京:人民出版社,2008:473

[102]梁金霞.道德教育全球视域[M].广东:华南理工大学出版社,2007: 65

[103]杨秋艳邓银城.孝道与道德底线教育.思茅师范高等专科学校学报. 2010年02期

[104]叶立群.高等教育学[M].福建:福建教育出版社,2007:268

[105]冯文全.德育原理[M].四川:四川人民出版社,2010:206

[106]顾明远.人人都需要学习的教育.学光明日报.2015-4-28

[107]李源田.师德是教育最美丽的风景.今日教育.2014年7/8期

[108]李江涛钟晓兰.论高校青年教师师德师风建设的问题和对策.科技创新导报.2011年第17期

[109]光明日报社论.教师如烛，师德如光.2013年09月10日

[110]李江涛钟晓兰论高校青年教师师德师风建设的问题和对策《科技创新导报》2011年第17期

[111]马跃华李珊珊.教师放下身段"俘获"学生的心.光明日报2014年06月12日

[112]中国教育报评论.教师要时刻铭记教书育人的使命.2014-05-17

后　记

中国传统文化有明确的知行关系。朱熹说"知与行，就先后论，知为先。就轻重论，行为重"。孝是为人子女对父母师长恭敬顺从、供养侍奉的一种实践行为，实践即探索前行之道，所以，孝文化就是孝道文化。道亦路。"地上本没有路，走的人多了，也便成了路。"人能弘道。中国的孝文化走了5000年，与中华文明同始终，且还会继续走下去。这条路叫做孝道。

古往今来，研究孝及孝道学说并很有建树的有识之士浩若繁星，其实他们也是在不断地探究一条路。本人对孝道研究，并非学术般求索，而是处于对现实社会、现实生活、现实人事中的某些客观存在感到眼花缭乱、不知所措而视觉模糊，于是期盼能站在前人的肩膀上获得释疑，进而捡拾、感知大师们对古圣先贤智慧的共同记忆。

博大精深、源远流长的中华优秀传统文化在思想上有大智，在伦理上有大善，在艺术上有大美。在中华民族艰难而辉煌的发展历程中，其薪火相传、历久弥新，始终为国人提供精神支撑和心灵慰藉。而孝文化乃中华民族亲脉、宗脉和文脉生生不息之精华，经过几千年的沧桑岁月，已植入国人的骨髓，积淀为一种民族情感，深厚、宽阔，几乎"像空气一样无时不有、无处不在。"

党的十八大报告指出，全面建成小康社会、实现中华民族伟大复兴，必须发挥文化引领风尚、教育人民、服务社会、推动发展的作用。弘扬孝文化，做好创造性转化和创新性发展，教育有着不可替代的作用。在古代社会，传统文化的传承主要靠教育，今天也同样要依靠教育。所以，这本小册子讨论的重点，源于孝文化教育研究的过去和现在，力图检索、审视、解读、感悟和追问其中的得与失、兴与衰、罗列与思辨、肤浅与深奥，从"我"的视点出发，串联起自己对孝文化教育的体味和建议，敬请前辈和大师们垂注。

有人说，教育本身的意味，是一棵树摇动另一棵树，一朵云推动另一朵云，一个灵魂唤醒另一个灵魂。教育过程就是一种生命情感的化育过程。生命情感是引向生命深层的普遍关怀，关涉人在世的一切作为，是建构人生的基础性素质。教育"要把每个人都培养成活生生的生活的人，可能健康的生活的人，化育他们完整的人格，让他们以积极的生命情感去善导他们自我的人生"。个体生命经由教育润泽，生命情感得以翻升。就孝文化教育而言，教师首先要理解孝文化的价值，并对学生起到表率作用，才能使孝文化得到良好的传承。这就需要教师努力提升孝文化素养，学习孝文化知识，不仅重视孝文化的外在表现形式，更要注重弘扬孝文化的内在价值。作为年轻的教育工作者，我知道自己没有资质在这里谈教育，但我一直在努力，期盼能为孝文化教育添一匹砖、加一片瓦。

在着手运笔这一课题时，我遭遇了许多意想不到的困难，比如古代思想史演绎脉络未厘清，现代教育理论匮乏，伦理学研究缺失，对社会转型的理性、客观、正确分析不到位，等等，均令我疲惫和纠结。在悲与痛、酸与苦的碰撞交织中，莫泊桑"生活永远不可能像你想象得那么好，但也不会像你想象得那么糟，无论是好的还是糟的时候都需要坚强"这句富有人生哲理的话语鼓励了我。果然，在艰难的独行中，"挺过去就是另一番风景"：先后在光明日报理论版、中国农业出版社相关图书发表诸多类似观点，后经深入研究、修正，最后订正为这部小册子。

商业泰斗李嘉诚说："人生中的困境，是你前世未完成的功课，一定要通过自我摸索与自我学习，才能突破与跃进。聪明的人懂得通过学习以别人的经验为借镜，避免自己重蹈覆辙多走冤枉路。"我不是聪明人，但撰写期间，还是借鉴了不少孝文化研究专家们的独到见解。无论是星月悬空的静夜，还是朝阳初升的清晨，品读着他们的每篇佳作，不仅因为字里行间散发着熟稔在胸的切近、行风播雨的柔畅，更因为里面闪耀着力透纸背的真知灼见和睿智隽永，传递着不可缺失的信仰、忠诚、意志和力量，我由此而获得诸多温暖。

孝文化之所以具有穿越时空的永久价值，是因为它能随着时代的变迁而不断丰富发展；其至今仍有市场，也在于人们除了怀念传统孝文化温情脉脉的慰藉功能外，还怀念亲情的和谐关系所带来的安全感，这就是传统文化的张力，也是孝文化的吸引力所在。源于此，才有孝感学院王曾研究员那句语重心长的告诫：社会进步了，时代发展了，在"孝"中应加入广泛性、多样化的感恩涵义。所以，本书在付梓之际，首先要感谢恩师董小玉教授在治学和做人等方面给我指点迷津；感谢九州出版社的老师为书稿编审、出版倾注心血；感谢父母身体力行的影响力以及在精神和时间上的大力支持，还有宝贝儿子的阳光乖巧鼓舞着我努力、再努力地去建设自己。

黄建华

2017 年2月28日于西南大学图书馆